自由的力量

徐方毅 著

北方文艺出版社

·哈尔滨·

图书在版编目（CIP）数据

自由的力量 / 徐方毅著 . —— 哈尔滨：北方文艺出
版社，2025.4. —— ISBN 978-7-5317-6614-8

Ⅰ . B848.4-49

中国国家版本馆 CIP 数据核字第 20250Q7M21 号

自由的力量
ZIYOU DE LILIANG

作　　者 / 徐方毅
责任编辑 / 富翔强　　　　　　　　封面设计 / 郑秀丽

出版发行 / 北方文艺出版社　　　　邮　　编 / 150008
发行电话 /（0451）86825533　　　经　　销 / 新华书店
地　　址 / 哈尔滨市南岗区宣庆小区 1 号楼　网　址 / www.bfwy.com

印　　刷 / 三河市华东印刷有限公司　开　　本 / 880×1230　1/32
字　　数 / 150 千　　　　　　　　印　　张 / 8.75
版　　次 / 2025 年 4 月第 1 版　　　印　　次 / 2025 年 4 月第 1 次印刷

书　　号 / ISBN 978-7-5317-6614-8　定　　价 / 78.00 元

目 录

第一章

相信"相信"的力量

1. 相信自己

人们都知道，万丈高楼平地起。然而人们往往忽略的是，能够支撑万丈高楼的，正是人内心深处那份无比强大、坚不可摧的"相信"。通往成功的道路虽有诸多步骤，但关于第一步究竟是什么，各种结论层出不穷。

最贴切的答案是：成功的前奏不是别的，而是首先要相信自己。只有坚定不移的自信陪伴在身边，你的成功之路才能具备充足的动力！

1835年，美国"伊特纳火灾"保险公司的股东队伍中多了一位摩根先生。他之所以选择这家名气不大的公司入股，是因为该公司不要求立即支付现金，只需在股东名册上签字即可。当时的摩根先生还不是腰缠万贯的富人，他只能选择这样的发展方式。

不久，一位投保客户家中发生了重大火灾，这对公司的股东们来说是当头一棒。如果全额支付保险赔偿金，正在筹备股金的伊特纳公司就有破产的风险。惊慌失措的股东们萌生退股念头，但唯有摩根先生毫不动摇，他始终相信选择这家公司是正确且有前途的。摩根先生开始四处筹措资金，不惜卖掉所有房产，甚至收购已退股股东的股份。经过复杂曲折的筹备后，他支付了全部赔偿金。

这一举动使伊特纳火灾保险公司声名鹊起，摩根先生在公司的地位也随之大幅提升。虽然公司在赔付后濒临破产，已成为公司领导的他不得不宣布对新投保客户加倍收取保险金。出乎意料的是，这一宣布反而吸引了更多客户。因为在大家心中，伊特纳公司的信誉已经毋庸置疑，这个资金匮乏却极具责任感的保险公司收取更高的价格，反而更受客户信赖和欢迎！从此，伊特纳公司蒸蒸日上。而摩根先生也成了华尔街金融帝国摩根家族的开创者。

摩根先生的成功源于他对自己选择和付出的坚定信念！他相信选择伊特纳保险公司是正确的，也相信对客户负责是正确的，这才赢得了大家的信任和拥护。摩根家族也因此奠定了后代事业的基础。

由此可见，任何人要完成一件事，首先必须相信自己。只有相信自己能够成功，才会在事业发展过程中勇往直前，最终立于不败之地。

相信自己，首先要做到认同自己，朝着独特的发展方向，创造属于自己的"独特价值"，与平庸的生活彻底告别。

王光兴的故事就是一个绝佳的例证。他从一名临时工一跃成为海口罐头厂的厂长，在其28年任期内，创造了44亿元产值的惊人业绩。更令人难以置信的是，王光兴在46岁时仍是厂里一名普通的临时工人。但凭借强大的自信，他不但欣然接受这个高风险的厂长职位，还通过独特的改革方式，扭转了工厂连年亏损的局面。他在海南地区开创了特色发展之路，帮助 50 万海南果农实现不同程度的脱贫致富。

1986 年，海南罐头厂形势严峻，已连续 6 年亏损，5 年换了 4 任厂长，720 万元的资产只剩 2 万元，几近破产。就在这危急时刻，46 岁的王光兴走马上任。在外人看来，这个年近半百仍是临时工的男人无疑是个失败者。但厂家老板们却信任他，因为他们了解王光兴的履历：他曾在海口饮料厂和海口电子工业总公司工作，用精明的发展策略让这两家濒临倒闭的小公司转变为当地的纳税大户。尽管他是个 46 岁的临时工，却让老板们看到了将颓势转为奇迹的希望。而王光兴也凭借坚定的自信，开创了独特的改革路线。

在产品革新上，王光兴认识到，在改革开放蓬勃发展的年代，人们生活水平提高后会选择购买鲜肉，传统的肉罐头营销策略已然过时。他想到了海南的特色水果——椰子，开始重点生产椰汁，并采用油脂分离的保鲜技术，使濒临崩溃的海口罐头厂迎来新的转机。

在扭转亏损局面后，王光兴着眼于经销商策略的调整。他认为："椰汁敢于在市场疲软时期提价，必定是因为供不应求，否则不会冒此风险。"随后他推行新的经营策略："实行全国统一到岸价，送货上门，对销售业绩优异的经销商进行年终奖励。"这一举措极大地调动了员工积极性。此后，海口罐头厂月销售量平均增长超过 40%，订货量接近 40 万吨，成交额迅速突破 20 亿元。

如今，在王光兴带领下的椰树集团正朝着"年产 100 万吨，产值 65 亿元"的宏伟目标迈进。王光兴的成功，归功于他中年时期对自己及改革策略的坚定信念。没有这种信念，就不会有今天椰树集团的蓬勃发展。

相信自己，更要认定自己在某个领域具有天赋，以"天生我材必有用"的信念作为支撑，勇于放手一搏。

李宗盛是当代华语乐坛公认的"歌圣"，其声望不亚于罗大佑。在30多年的音乐生涯中，他创作了数百首歌曲，悉心培养了以周华健、五月天为代表的众多乐坛精英。尽管成就斐然，他始终保持着平民般的质朴和平易近人，这源于他少年时代对自己艺术天赋的坚定信念。

李宗盛小时候相貌平平，学习成绩一般，因此在学生时代朋友不多，也难以得到女生青睐。李宗盛曾回忆，在同学们一起野外烤肉时，"都是我去捡柴火""弹吉他、唱情歌的都不是我"。即便获得了参加台北音乐学院考试的机会，最终也因成绩不佳而铩羽而归。那时的他，在周围人的冷眼中似乎注定"不会有很大出息"。然而，李宗盛内心始终坚信自己"隐隐约约有一种创作的天赋"，这份信念驱使他投身台湾乐坛，从此一发不可收。在多年的奋斗过程中，支撑李宗盛走向乐坛大佬、滚石唱片领军人物地位的，正是这种对自己艺术天分的坚定信念。他对自己音乐创作能力的信心，足以抵御外界诸多质疑。

相信自己，首先要认识自己的价值，继而选择适合的发展道路。人生的赢家，终将与不懈奋斗的你握手言和，甚至形影不离。但需要注意的是，自信不同于盲目自大，而是源自内心深处的一种潜在能量。因此，你必须恪守"低调做人，高调做事"的原则，将这种非凡的自信沉淀于内心。要知道，怯弱和过分低调固然是自信的大敌，但过于张扬地炫耀和显摆，本质上也是缺乏自信的另类表现。如果说失败是成功之母，那么相信自己就是连接失败与成功之间的桥梁，只有大步跨越这座桥梁，你才能走出失败的阴霾，徜徉于成功的天地。

2. 相信行业

做好相信的工作，才能继续完成"成功"的征程。唯有相信，方可居高临下。而相信这一环节分为三个部分：相信自己，相信行业，最后相信自己选择的应聘公司。上一节中，我们已经阐述了"相信自己"的重要性。在对自己建立起充足信心之后，下一个该"相信"的对象，就是自己热爱的行业。

相信自己热爱的行业，愿意让自己的成长过程更加曲折，你最终收获的名利、鲜花和掌声，才能更具传奇色彩。

解放者玻利瓦尔为了拉丁美洲的独立事业，一生战斗 472 次，尝试过各种战术战略。虽然屡战屡败，但最终在阿亚库乔一战重创西班牙殖民军主力，如愿建立起梦想中的"大哥伦比亚"世界。

林肯从店员做起，在创业、工作和从政等各个领域都曾遭遇失败，连入选国会议员也是一波三折。因为他是鞋匠的儿子，在国会里备受嘲弄。但他一生只做成了一件事——在竞选第 16 届总统时获得胜利，并在美国历史上与华盛顿齐名。

鲁迅早年的理想是进入北洋水师，后来去日本留学时立志成为医生，但当他在纪录片中看到中国人的麻木后，毅然决定弃医从文。中国因此少了一位医生，却多了一位文化巨匠！

在认清自己适合从事哪一行后，继续相信自己所选择的行业，就能顶住来自外界的所有压力。变得强大的，不仅是你的经验与才能，更是你那曾经历挫折的内心。

著名影视导演李安在美国留学时，逐渐痴迷于影视作品的创作与指导。但在异国他乡的日子并不轻松，他没有丰厚的经济来源，也没有充足的时间学习深造，每天只能靠打杂糊口。虽然写过几篇剧本，但那里的资深编辑都对他嗤之以鼻，认为他不是搞影视创作的材料。然而李安坚定地选择了导演这条路，他相信"我真的只会当导演，做其他事都不灵光"。在众人的否定和嘲讽中，李安从一个默默无闻的打工仔，成长为"电影史上第一位在奥斯卡奖、英国电影学院奖，以及金球奖三大世界性电影颁奖礼上夺得最佳导演的华人导演"。他的作品《理智与情感》《卧虎藏龙》《断背山》等无不受到中外观众和评论家的赞许，2006 年《时代》周刊还将其列入"影响世界的一百人"名单。李安不是天才，他在影视领域初期屡遭挫折，但凭借对热爱行业的执着，最终走出外界质疑的阴影，成为一代导演大师。

然而，前途越是光明，道路就越是曲折。相信自己，同时相信所选择的行业，固然需要持之以恒，但坚持的过程不仅仅是一个执行的过程，更是一个锻炼的过程。在积累信心的同时，绝不能放弃对经验的积累。

2014 年 2 月，大卫·斯特恩辞去了 NBA 联盟总裁职务，但他早年频繁更换工作的经历至今仍为人津津乐道。这位执掌 NBA 帅印长达 30 年的掌舵人，创下了年收入 55 亿美元的惊人纪录，培养的体育明星更是不胜枚举。谈到今日的成功，大卫总是将其归功于少年时期的多重历练。可以说，没有少年时代的"内功"修炼，就没有后来他对担任 NBA 联盟总裁的自信和成就。回忆起当年的打工经历，大卫说："其实，那都是父亲为了锻炼我而安排的。这些经历让我明白：成功是从万事中学来的。生命中的每个阶段，我们所从事的每项工作，都有需要认真学习和领悟的东西。聪明人觉得处处皆学问，都要认真去学；愚蠢的人则认为，处处都没什么好学的。"

早在 12 岁时，大卫就成了一名割草的童工。一个假期下来，虽然薪水微薄，却让他懂得了一个道理：割草不能只靠蛮力，而要认真细致，动作要专业，草坪要以整洁为美，而不是简单地铲除干净！

14 岁时，大卫在仓库里做力工，明白了仓库里不能断货的道理，否则超市货架上必然会出现让顾客不满意的情况。

15 岁时，大卫在餐厅里成为一名洗碗工，在枯燥的工作中，学会了适应并尝试做一些自己不喜欢的事情。

16 岁时，大卫成为一家报社的跑腿报童，尽管平均每 40 家客户中最多只能成功卖出一份报纸，但他依然乐此不疲。

18 岁时，大卫在一家美容店做起了洗车工作。这份工作让他受益匪浅。在洗车过程中，如果只把车子的外表洗刷干净，他只能赚取 15 美元，但一旦将车子内外的每个细节都擦得一尘不染，收入就能高达 115 美元，因为车主一旦满意，按照行规，能够赏给大卫 100 美元的小费！

于是，认真细致、对客户保持友好礼貌，成为他对每一份工作的终极追求！尽管他结束洗车工生涯后，又陆续打了一些零散的短工，但每一份工作他都认真对待，且每次更换工作后，都能在原单位留下美名。而这些美名，都助推着大卫保持对未来阳光和自信的心态。及至当上总裁后，这种自信精神仍如影随形，并将这种精神传递给每一位热爱体育的明星。

　　虽然你对某一行业分外热爱，却在起步阶段始终业绩平平，但请不要因此气馁。或许你初入职场，对行业规则一无所知；或许你天资平平，甚至有些好逸恶劳。但你必须记住：起点不高，根本不是你不成功的借口。既然对已选择的行业矢志不渝，那么请不要埋怨自己暂时有限的能力和经验。因为只要"相信"的力量伴随着你，再加上孜孜不倦的学习和磨炼，现在困扰你的瓶颈，终将在明天化作促使你成长的动力！

3. 相信公司

认同最适合的行业后，我们便进入了相信"三步走"战略的最后一步：选择一家最适合你的该行业公司，并且相信它能够改变你的未来，为你赢得人生的价值。在遇到瓶颈时，既不要质疑，也无需进行毫无价值的宣泄。

相信了公司，你才能持续在固定岗位上耕耘，让时间的沉淀为你积累更多经验和成果，并在某一天创造出你无法预料的奇迹。

日本著名科学家田中耕一的最大成就，莫过于在43岁时荣获2002年度诺贝尔化学奖。人们提起他时，首先想到的往往是获奖的荣耀，却容易忽略他青壮年时期的苦涩与辛酸。

田中耕一1959年出生在富山县的一个工匠家庭。自幼清贫的他，从小学到大学一直平淡无奇。由于性格孤僻内向，相貌平平，学习成绩也不稳定，大学期间还曾因德育不及格而被迫留级。30岁前，他甚至未曾有过一次恋爱经历。

"三十而立"之前，田中耕一虽然在电气工程领域有些科研成就，但求职之路依然坎坷。他曾应聘梦寐以求的索尼公司，却在第一轮考核中被淘汰。几经波折，他只得从电气工程转战化学领域，进入岛津制作所，成为一名普通职员。

此后的田中耕一，虽然职权不大，却找到了心仪的职业，从此全身心投入研究。他多次谢绝公司升职加薪的机会，对劝他跳槽的建议置若罔闻。许多人嘲笑他淡泊名利，认为他是个"怪人"。

田中耕一对这个并不高的职位产生了莫名的依赖和倚重。公司里的人越是用质疑和嘲讽的眼光看他，他越是对公司心存感恩和信赖。正是这种近乎执着的信赖，让他平凡的人生迎来了非凡的转机！

在一次工作中，田中耕一意外检测到了维生素 B_{12} 的分子量，并申请了相关专利。这一方法后来被称为"软激光脱着法"。尽管这种方法对生物化学领域产生了巨大推动作用，当时却并未受到重视。但田中耕一对此安之若素，满足于领取微薄的工资，过着清贫的生活。

2002 年，一通来自诺贝尔评审委员会的国际长途电话，让这位默默无闻的科研工作者一举成为享誉国际的科技人物。田中耕一获得了诺贝尔化学奖！

即便获得如此殊荣，田中耕一也毫无膨胀之心。他在东北大学的讲台上自嘲道："我讨厌学德语，所以没有攻读博士学位。现在我有博士学位了，以后乘坐飞机就可以免费换到商务舱了。"

从一名普通技术员工到诺贝尔奖获得者，田中耕一的成功促使母校日本东北大学修改校章，破例授予他荣誉博士学位（此前该学位只授予外国人）。同时，岛津公司的知名度和股票价值也大幅提升。由此可见，没有公司这个看似普通的平台，田中耕一也不可能在研究中取得突破。因此，相信自己的公司，不为其暂时无法满足你的薪资或其他要求而抱怨，你的成功终将揭开挫折与平庸的"面纱"，展现你真正的价值。相信公司有限的赐予，就等于相信自己无限的潜力。

然而，相信公司对很多人来说是最艰巨的任务。面对日益激烈的市场竞争，企业间的并购、垄断层出不穷，人们受困于虚无的"与时俱进"理念，工作中稍遇挫折就萌生离职或跳槽的念头。因此，相信自己的公司需要你树立"傻认真"的职场精神，少一些功利，多一些坚持，在拼搏的沙漠里播种奇迹的种子。公司在管理或销售方面可能会让你产生不满，甚至想要更换工作。但请记住：不论是好公司还是看起来"不好"的公司，都有一个共同的宗旨：改变不利局面，赢得市场，树立品牌，直至达到成功的彼岸。所以，也许存在"不好"的老板，但从实际意义上讲，"不好"的公司是不存在的！

任正非经营的华为公司拥有众多优秀员工。李一男、郑宝用等"一个顶万"的通信人才虽然曾离开华为，但最终出于对公司和领导的信赖，在历经波折后选择重返华为。这些高端人才如此信赖华为，一方面，因为任正非自1994年带领华为进军全国和国际市场以来，一直注重人才培养。虽然车间简陋，工作条件艰苦，但感恩于老板的信任，李一男、郑宝用完成了程控交换机等通信产品的研发制造。任正非对郑宝用的授权只用了一句话："你办事，我放心。"此后郑宝用感激涕零，为华为做出了巨大贡献。另一方面，任正非在整合人力资源时特别强调"绝不让'雷锋'吃亏"的原则。在华为内部逐渐形成这样一个现象：虽有众多"雷锋式"员工，但在股权和薪酬奖励上注重均衡，几乎没有"有功不赏"的尴尬，这保证了员工对华为的信任，也让任正非的事业达到今日的高度。

相信公司，不是要从今天做起，而是要立即行动！立即放下所有怨恨，忘记所有不满，将这些转化为动力，相信在这个平台上，你会有新的收获。真正需要的，不是公司的赐予，而是你的努力！

4. 相信相信的，放下该"放下"的

相信，是成功的起点；相信，是幸福的源泉；相信，是坚韧不拔的毅力；相信，是势不可挡的执念。一切希望之火，皆依靠相信点燃；一切胜利之路，皆有赖相信铺垫。要踏上成功之路，你固然要相信该相信的，但在此之前，需要做的一件事是：放下该"放下"的。

你应该"放下"的主要包括三重"精神累赘"：身份、自我，以及曾经困扰但未能击倒你的宿怨。及时"放下"这三样东西，你的"相信"才不会承担过重负担，你的成功之路也会更加平坦。

鲍鹏山教授说过："人生不要一味做加法，适度的情况下也要为自己做减法。"的确，放下一切不必要的东西，漫漫长路才能以欢愉取代疲惫，成功的过程也就少了许多累赘。在成功之前，积极恪守"放下"三定律，不但能增强你信念的虔诚度，也有助于缩短成功的周期。

首先，要放下身份，才能更"接地气"，获取更多资源。

众所周知，企业要做大做强，离不开开拓更广阔的市场。要在市场中拥有更多的"利润殖民地"，企业领导就要学会暂时忘

记自己的身份。商朝国王太甲能从一个碌碌无为的君主变成一代明君，甚至影响后代继承人武丁创建中兴盛世，全赖宰相伊尹将其放逐民间三年历练，让他熟知民间疾苦，最终萌发励精图治的愿望。康熙帝为收揽士子之心，也多次微服私访。放下身份，混迹市井，虽会失去架子，却能让视野更加开阔，从而向成功又迈进一大步。

哈佛大学有这样一则校训："不要因为自己是一名大学生就觉得了不起，应该把自己看作普通人，与所有人站在同一起跑线上。生活中最不值钱的就是架子。"

山东 80 后"老男孩"谭超的成功，在于懂得放弃大学生"尊贵"的身份，踏踏实实地做好一份看似卑微的工作。谭超在烟台大学读硕士时品学兼优，怀揣着成为大学讲师的梦想。但因家庭清贫，他不得不暂时放弃继续深造，外出谋生分担家庭责任。虽然谭超可以靠家教、写作等知识技能谋生，他却选择了快递员这份常人不太认可的工作。他几年如一日地坚持，乐此不疲。经过长期磨炼，加上研究生的知识储备，谭超成了烟台大学综合商店一角快递网点的老板。2016 年，他凭借勤工俭学的优势，如愿考上吉林延边大学世界历史专业博士，成为"史上学历最高的快递老板"。正是因为谭超不囿于身份桎梏，愿意降尊纡贵投身平凡工作，才获得今天的成就，同时也没有耽误最初的求学梦想。

其次，要放下自我，才能营造良好的人际环境，为成功提供绝佳的软环境。

自我的人也许并非自私，但他给周围人带来的负面影响往往比自私者有过之而无不及。他的情绪如垃圾四处倾倒，污染了原本清新的社交环境，也在不经意间将自己推到了众矢之的。

一位演技出众、阅历丰富的明星通过多年与人交往的经验，在网络媒体上提出了"垃圾人定律"。这些所谓的"垃圾人"，是"本身存在很多负面垃圾情绪，需要找个地方倾倒垃圾情绪的人"。他们之所以被视为垃圾，在于过于自我而招致太多挫折。这些挫折经过情绪的焚烧，在内心深处滋生出更多垃圾，继续向外倾倒。如此在个体身上形成持久的恶性循环，直至彻底毁灭。

最后，你要放下宿怨，才能在过去的苍穹中清除所有阴霾，在未来的探索中收获永恒的晴光普照。

凡是在企业组织中位居要职者，大多要懂得"宰相肚里能撑船"的道理。一个人拥有多大的胸怀，就能成就多大的事业。

放下宿怨，人际关系的裂痕才能及时弥补并继续发展。美国著名石油大王洛克菲勒有许多合作伙伴，其中与爱德华·贝德福特的关系尤为密切，合作项目众多。然而在一次南美洲商务考察中，贝德福特的意外失误让石油公司损失了100万美元。但洛克菲勒不但以"伙伴已尽全力、纯属意外"等理由轻描淡写地化解了此事，还特意列举他过往的贡献予以表扬，以重建他的信心和斗志。此后，贝德福特对洛克菲勒和公司更加忠诚，工作也更加谨慎，最终成为石油公司的重要骨干。

放下宿怨，也有助于放松身心，不再因纠结过去而在工作中平添烦躁。

北京社会科学院的满学学会会长阎崇年先生，2007年因在"百家讲坛"主讲《明亡清兴六十年》而成名。他治学严谨、文化功底深厚，赢得许多同行赞誉。2008年，阎崇年在江苏无锡举行签售活动时，遭到青年历史爱好者黄海清的"突然袭击"。虽然施暴者很快被拘留，但"阎老师遇袭"事件迅速传开。据传，阎崇年被打后"情绪低落"，但面对可以起诉黄海清的权利，他始终未采取任何行动。

同样在"百家讲坛"成名的王立群对此很不平："首先要弄清是否属实，如果属实，打人的观众就非常不应该。观点不同可以讨论，但不应该公开侮辱他人，这是违法的，阎老师完全可以起诉。"但阎崇年没有这样做，调整情绪后很快将此事抛诸脑后。他不再理会黄海清的冲动行为，继续全身心投入研究与讲课，随后在讲坛推出《正说清朝十二帝》《康熙大帝》《大故宫》等多个专题，用丰硕的成果驳斥了黄海清的偏见，也充分展示了自己的实力。正如美国总统华盛顿所说："冷静和缄默是对诽谤最好的答复。"

在相信成功之前，务必放下该"放下"的。你可以每天提醒自己归零，放弃自我，将一切都排除在考虑范围之外。要把自己当作初入宫殿的流浪艺人，在展示才艺之前，以王侯之礼恭敬对待周围的人，谨慎谦虚地推销自己。这样才能在最短时间内赢得他人认可，创造无限的发挥空间和自我价值。更重要的是，过去只代表过往的成败，崭新的起点和改变才能收获未来的成果。所以，懂得归零，才会浴火重生；放弃自我，才能获得真实完整的"自我"；忘记宿怨，才能结出新的良缘。

5. 如果相信，就请深信；非相信，不能完成！

相信自己未来的光明，相信自己从事的行业，相信自己选择的公司，你的成功就指日可待；放下虚名无实的身份，放下极端自我的作风，放下往昔的宿怨，你的成功便可减少许多成本。然而，对很多人来说，做到这样的相信仍有不小难度，因为大多数人在现实中的优秀程度，总与理想中的形象存在较大差距。就像"癞蛤蟆想吃天鹅肉"，在很多人眼中不过是一种可笑的妄想。

要摆脱这种舆论的歧视，首要任务不是盲目而无方向的努力，而是时刻铭记自己将在未来成为龙凤！而且，你不仅需要相信，更应该深信！

如果你已经比较优秀，"相信"就足以继续前进；如果你觉得自己不够优秀，甚至很糟糕，那么唯有"深信"才能保障你人生的终极逆袭！

深信，是相信的平方。"相信"的人能在顺境中创造成功；"深信"的人却可在逆境中创造奇迹！

美国作为当今的超级大国，在科技、信息、服务等领域都稳居"世界第一"。许多美国境外的学霸精英都以赴美留学为最高荣耀，青年时代的李彦宏也不例外。

李彦宏在美国的 8 年里顶住重重压力，白天认真向教授请教理论知识，晚上则放弃休闲时间苦练英语，甚至熬夜编写程序。经过一番拼搏，他似乎即将在美国出人头地。

但令人意外的是，李彦宏最终放弃了美国的优越环境，怀揣"科技改变生活"的民族复兴理想回到科技相对滞后的中国。完成搜索引擎的研发后，他创办了百度公司，为搜狐等门户网站提供搜索引擎技术服务。在他的努力下，百度无惧互联网寒冬，在市场上占据了超过 80% 的份额。

虽然搜索技术提供商的角色曾遭遇瓶颈，但李彦宏不卑不亢，继续效仿谷歌的成功路线，探索搜索门户网站的独立化道路。如今，他在中国企业家榜单中名列前茅，这一切源于他放弃美国的前程。与李彦宏命运相似的前辈如钱学森、邓稼先、钱伟长等科技巨擘，都以放弃太平洋彼岸的优越为代价，对祖国的发展前景"深信不疑"，最终用智慧守护家园故土，更体面地成就了"生前身后名"。

做好"深信"的工作，需要积极乐观的心态，需要不畏挫折的勇气，更需要对自己所坚持的、所努力的一切毫不妥协！

当今社会的创业故事大多发生在大城市，但在四川省仪陇县这个偏远山区小镇，两个 80 后兄弟却选择守在乡土上发家致富，并最终实现了这个愿望。他们就是立山镇靠深山养牛打造致富梦的屈柳州、屈能文兄弟。

弟弟屈能文虽然上过大学，但因家庭经济压力不得不离开阆中师范学院，在各大省会城市间打工补贴家用。但由于技术水平有限，他和哥哥屈柳州的收入十分有限。屈能文回忆说："2014年，父亲得了脑出血，每月要上千元的药费，每年都要住几次医院，花光了家里的积蓄。家里还有两个小孩，老婆还要种庄稼，我只得回到老家，照顾年迈的父母和孩子。"

为了彻底改变现状，屈家兄弟索性放弃打工，在穷乡僻壤中寻找创业机会。看到尚未开发的绿油油荒山，屈能文很快想到生态养殖的广阔市场前景，萌生了饲养肉牛的想法。征得家人同意后，他筹集了20万元借款和贷款，与哥哥屈柳州一同养牛。

尽管家人对他们的热情和雄心表示理解和支持，但仍有人质疑。养牛虽然赚钱，但起步投资大、效益周期长，养殖场建设、饲料购买、疾病预防等都需要慎重考虑。但屈能文不为所动，他认为成本越大，效益和收入就越高。屈柳州此前抓住农村建房机会开办了水泥厂，虽效益一般，但积累了创业经验。有了屈柳州的相信，养牛场又增加了30多万投资；有了屈能文的"深信"，他带着哥哥四处考察，还参加了县里发展协会举办的为期三个多月的养牛技术培训。经过反复对比研究，他们选定了生长快、免疫力强、肉质好、营养丰富的西门塔尔牛作为饲养对象。在这番充满"深信"的努力下，到2016年底，西门塔尔牛的养殖很快步入正轨。立山镇新建了一个1000平方米的养殖场和300多米的乡村公路。执行速度之快，让兄弟俩忙得不可开交，却也带动了村里经济，成为邻里称赞的楷模。

立山镇钟鼓楼村的村长很看好屈家兄弟的创业，他说："年轻人都外出打工了，村里只剩老人和小孩，有40%的土地荒废。我们特别希望年轻人返乡创业，村委会会大力支持，不管是养猪、养鸡、养鸭，还是种植果树，年轻人能留下来发展产业才是农村的希望。希望兄弟俩创业成功，给村里年轻人做个好榜样！"

如今养牛场已初具规模，效益逐步上升。屈能文踌躇满志地向媒体透露："我们的养牛场按养殖100头牛规划，现在村村通公路为我们搞养殖业提供了便利，我们对养牛项目充满信心和希望……我们兄弟想走'自繁自养'模式，走规模化养殖的路。到时规模扩大了，就可以让村里的贫困户来养殖场务工，增加收入……我们兄弟必须吃苦耐劳，创业才能有收益，也才能带动更多乡亲致富。"

所以，从"相信"到"深信"的彼岸，成功之路归根结底是"相信"不断改造升级的过程。越相信，越成功；反之，只会在人生起点原地踏步！你必须做好"深信"的工作，因为没有相信，就无法成功！只有在准备阶段做好相信的工作，你才有资格谈及如何跨越成功的彼岸，你的成功也不再是遥远的梦想。

6. 相信的衡量标准：从不质疑自己的选择和未来

　　成功固然属于优秀的人。但现实是，不够优秀的人占据大多数，所以更多的成功故事并非是居高临下的俯瞰，而是自下而上的逆袭！因此，即便你现在不够优秀，也无需自卑。不要为你较低的人生起点而烦恼，因为起点越低，反而越有可能飞得更高！

　　正如上文所说：你不仅要相信，更要在这个基础上达到"深信"的境界！

　　尼采说："那些没有打倒你的困难，只会让你变得更强大。"这句话道出了千万人的心声，其本意在于相信"天生我材必有用"。即使你天生有缺陷，只要坚守"相信"之道，你未来的成就可能会远超出你的想象。

　　以自己为圆心、以事业为半径的信念，确实是一种品质的精华，一种精神力量的体现。然而，当我们确定了信念的重要性之后，摆在我们面前的问题是：我们应当如何衡量这个"相信"的标准呢？

　　对此，我要告诉大家一个通用的答案：永远不要质疑自己的选择和未来。

要相信选择,因为正确合适的选择确实能减轻你奋斗的成本,让你更快到达成功的彼岸。

以伽利略为例,他在成年后功成名就,甚至在比萨斜塔上推翻了亚里士多德的"物体下落速度和其重量成正比"的原理,这主要源于他童年时代坚定的信念。数学是科学之父,而伽利略自小就对数学充满兴趣。

尽管伽利略的父亲也喜爱数学,但从实用角度看,数学研究难以在短期内带来丰厚的收入。当父亲作为乡村医生的收入不足以支付他的学费时,伽利略不得不暂时放弃了上大学的机会。

伽利略没有怨恨父亲和自己的家庭出身,也没有放弃对数学的钻研。虽然他主要帮助父亲经营诊所,但他通过担任私人数学教员来增加家庭收入。

伽利略虽身在家中,但始终以数学为首选。当他在数学研究上有所成就后,便开始在科学各领域进行探索。每当遇到瓶颈,他就会回想起大学导师的话:"要在数学中寻找快乐和希望,数学是理解自然的必要语言。"他始终相信导师对他的评价:"佛罗伦萨会因有这个孩子而感到骄傲。"多年来,正是他对选择的坚持和为目标付出的不懈努力,使他最终登上了科学殿堂。

相信未来,只有坚信"前途是光明的",我们才能在曲折的道路上坚持不懈,在艰辛跋涉中无所畏惧。

回顾前面提到的尼克·胡哲,他的乐观与自信远超常人的想象。如果说伽利略钟情于自己的选择,那么尼克则始终坚信美好的未来,最终成为享誉国际的爱心天使,将这份阳光与自信传播给世界各地饱受苦难的人们。

尼克从出生起就开始了与命运的抗争——他患有严重的海豹肢症，天生残疾，没有四肢。搬离澳洲定居美国后，他因为脆弱的身体和外来者身份成为同学们嘲笑和欺凌的对象。为了逃避同学的欺侮，尼克一度萌生轻生的念头，但想到父母的爱与牵挂，他最终放弃了这个想法。

参加基督受洗仪式后，"上帝关爱每一个基督徒"的信念启发了绝望中的尼克。他开始深信"我们都是上帝赋予的传达爱的工具"，抛开轻生念头，以积极的态度面对霸凌。虽然最初的自我重塑充满困惑与挫折，但随着年龄增长和心智成熟，他在内心建立起坚固的"霸凌防御系统"，学会了巧妙应对欺凌者。

如今的尼克已经功成名就。他是澳洲首批进入主流学校的残疾儿童，在学生会工作和创业领域都击败了许多健全的竞争对手。为传播爱的信念，他接受多国领导人采访，在世界各地演讲，鼓励有过被霸凌经历的孩子们保持乐观，超越自我。更令人欣慰的是，2013 年尼克喜得一个健全的孩子，成了父亲。

尼克·胡哲的成功源于他对未来的憧憬与信念，尽管他可能从未读过中国诗人食指的《相信未来》。

相信选择，让你的人生规划有了明确的方向和定位，你才能开启人生征程的第一步，吹响事业的号角；相信未来，让你保持永不懈怠的动力和巅峰状态。明确的方向与持久的巅峰状态，构成了真实可靠的自信。若失去选择和未来这两大支柱，所谓的"相信"只是一种自欺欺人的空谈！

马云曾说："做企业一定要专注，要坚持，要有激情，要相信自己可以为客户创造独特价值，相信自己可以做不一样的事情。

不要怪某个行业不好，天下没有不好的行业，再差的时代再差的行业也有好企业，再好的时代再好的行业也有烂企业。所以别怪行业，要怪自己，要做正确的事情，正确地做事。"设想如果他在而立之年听从两三个好友的"建议"放弃创办阿里巴巴，今天的中国或许只会多出一位普通的师范学院外语系毕业生，却少了一位享誉全球的电商领袖！

总之，如果一个人缺乏对选择道路的衡量和对未来蓝图的规划，再大的自信也将形同虚设。自信若脱离选择，人会失去方向而盲目自大，最终一事无成；没有对未来的憧憬支撑，自信的生命也会如蜉蝣般短暂，当事业过了巅峰期，自信也会随之消散。因此，只有为自信插上相信选择与相信未来的双翼，你才能在风雨中自由翱翔，像尼克·胡哲那样振奋高呼："人生不设限！"

7. 相信的最高境界：无可救药的"偏执"

当你的起点被决心抛在身后时，仅凭意志力还不足以支撑你最初的野心。因为一旦在途中遇到阻碍，你可能就会陷入怀疑的思想歧途。所以，你要从"意志帝"升级为"偏执狂"，才不会辜负上天的眷顾！"偏执"往往比"意志"更重要，而无可救药的"偏执"，正是相信过程中的最高境界！

何为偏执？偏执指"过分偏重于一边的执着"的性格。在社会活动中，偏执者常被视为性格执拗或人格分裂。过度偏执、屡教不改、无可救药的人，往往被人嘲讽为"偏执狂""一根筋""顽固派"。在许多人眼中，偏执是一种作茧自缚的慢性自杀，是一种不思进取的生活方式，是一种不该效仿的奋斗模式。

然而基于多年的工作和生活感悟，我认为：偏执恰恰是追求成功的信念。对偏执狂来说，这甚至是唯一的生存法宝，更是通往胜利的必经之路。

偏执的性格，能让你在这个功利与浮躁的社会中最终取得胜利！

愚公移山很偏执，却创造了人定胜天的奇迹；夸父逐日很偏执，却在神话故事中永垂不朽；法国作家莫里哀放弃世袭爵位，专注喜剧文学创作，最终成为法国古典主义文学的集大成者，他无疑也是一个不折不扣的偏执狂！

亚马逊领导者贝索斯认为："伟大的公司背后总有一个偏执的领导者。"而贝索斯本人能够经营一家成功的网络书店，正是依靠这种偏执精神。

新世纪以来，随着次贷危机和各种市场风险的突然来袭，曾让实体书店惊恐万状的亚马逊也走到了质疑和困境的风口浪尖。尽管亚马逊在华尔街仍有许多支持者，但这并未改变其连年亏损的现实。

面对困境，坚信"要么成功，要么散伙"的贝索斯依然泰然处之，坚信亚马逊终将迎来春天。他在 2009 年给股东的信中写道："在我们 452 个目标中，净收入、毛利润和运营利润等字眼一次也没有出现。"

相信前途依然光明，只是道路暂时曲折，贝索斯在安抚股东情绪后，立即着手出台政策，革除传统弊端，化解市场危机。实际上，早在 20 世纪时，亚马逊就借助互联网技术平台优化用户体验，鼓励读者写书评，以提高业务质量。面对各种困境，贝索斯决定继续发扬并扩大这一有效方式，同时全面改革物流体系，投入巨资提升库存周转速度和货物传递效率，让客户不仅能在第一时间收到货物，还能随时在线查询订单状态。

贝索斯不仅偏执于亚马逊的未来，更偏执于用户体验对公司经营的良性影响和物流机制的改革优化。他总是"沉迷于提升用户体验，只要看到谁不专心，或者他认为没有展示其大胆设想才能的员工，都会首当其冲成为他的出气筒。"然而，这种偏执恰恰象征着他内心强大的自信，最终帮助亚马逊度过了那场危机，重新赢得了客户的好感和信任。

偏执，并非冥顽不化和屡教不改，而是解决问题的一种勇气。相反，"人若改常，非病即亡"的道理反而更被多数人认同。

成为一个偏执狂，甚至能让你有机会登上金字塔的顶端。

华为创始人任正非能带领公司走向世界，正源于他不可救药的偏执。最典型的例子，就是他引领华为和整个中国通信市场成功跨越3G时代的伟大成就。

任正非是中国民营企业中的一位"偏执狂"，正是这种偏执让他能在最贫困的岁月里创办华为，并带领公司在中国通信市场不断创造奇迹：击退"七国八制"的围剿，打败巨龙、大唐等竞争对手，战胜中兴，最终成为新世纪新技术的引擎。

新世纪的一场"华为的冬天"让公司一度陷入困境。当时世界通信市场已进入3G时代，任正非不顾公司的暂时疲惫，发誓要付出更大代价让华为全面适应3G技术的新时代。他宣布华为要"将所有的鸡蛋都放在一个篮子里"，向3G发起全面进攻。尽管华为对这种新技术毫无基础，员工们只能从最基本的芯片研发开始。为了搞好3G研发，任正非甚至放弃了小灵通的研发，将所有精力投入3G芯片制作。虽然大家努力不懈，但中国的3G产业标准难以获得认可，市场启动也不够顺畅。2003年10月底，全球3G峰会传出的消息更让人沮丧："在3G时代刚刚来临之际，新技术仍处于幼年阶段。中国政府在3G上也必然要追随世界主流，放缓步伐。"

面对这一现实，任正非依然坚持。这种孤注一掷的行为引来业内人士的质疑和不满。在他们看来，3G 产业的研发只会徒耗华为的精力、财力和物力，即便研发成功，最大受益者可能是虎视眈眈的北电、朗讯、阿尔卡特等竞争对手，而非华为。"即便开发成功，也至少需要 3 年。到那时，即使每年市场容量达到 300 亿元，在群雄逐鹿的通信领域，华为能获得多少利益也是未知数。"

但任正非的坚持最终迎来了回报：2005 年 2 月，国家实体经济迅速壮大，带动了 3G 的"回暖"，3G 市场在国内有了发展空间。信息产业部高级顾问徐木土面对大好形势断言："3G 移动通信系统在技术和商品化过程中的日趋成熟，将促使信息产业部在发放 3G 经营许可证时，牢牢把握中国电信业务市场发展需求这个核心。"2005 年后，华为的 3G 工程在任正非的坚持下开始好转，经过三年的奋斗，华为最终成为中国 3G 领域的胜利者。任正非的偏执印证了他的那句话："笑到最后的才是真正的胜出者。"

贝索斯因对用户体验和物流改革的偏执延续了亚马逊的辉煌；任正非因对 3G 的偏执提升了华为的地位。相反，现实中更多人满足于随波逐流、见风使舵的"智慧"，虽然勉强糊口，却始终默默无闻，每次收支相抵还要付出无尽汗水。他们如同《伊索寓言》中那对赶集的父子，始终活在人云亦云、任人摆布的世界里，除了抬起沉重的毛驴这一自欺欺人的"成就"外，别无作为。殊不知性格的"偏执"恰恰是对自己前途命运的信服，这种强大的信服力正是不断为奋斗注入动力的源泉。所以，一个人最可怕的，不是一无所有，而是明明一无所有，却还在盲目随波逐流！

如果想做一个自信的人，请坚持你原有的"偏执"。当你在"偏执"的世界里游刃有余时，你才能成就如贝索斯和任正非一样的伟业。

8. 相信之后，全力以赴，你就是赢家！

既然相信"天生我材必有用"，也放下了身份和架子，那么，怀着自信的你，就该轻装上阵，勇往直前！千万不要回头！因为：相信之后，全力以赴，你就是赢家！

全力以赴，需要项羽"破釜沉舟"的气势，需要勾践卧薪尝胆的执着，更需要你扛住所有压力和挑战，打破一切质疑和嘲讽。不逼自己一把，你永远不知道自己有多优秀，也无法预料自己的成功会有多么辉煌。

维持简单温饱的，只是小商贩；依靠知识赚钱的，只是儒商；一夜暴富的，只是土豪。唯有那些能在漫长人生路上开天辟地，为目标勇往直前的人，才称得上是当代社会最需要，也最缺乏的顶级富豪。

相信之后立即全力以赴，这才是顶级富豪应有的品格和气魄。正如某区块链大佬所说："小老板靠智商，顶级老板靠胆商！"在他的演讲中，全力以赴的勇气是成功的必要环节。在他看来，"高智商利于处事，高情商利于为人"，而"胆商决定领导能力……具有在不可能掌握全部信息的情况下做出决策的胆略"。

全力以赴，要以意志坚定、矢志不渝作为精神支撑。

瑞典医生斯坦利·库尼茨最为人敬佩的不是救死扶伤的医术，而是穿越沙漠的勇气和荒野求生的信念。他毕生有一个伟大的理想：凭双足完成穿越撒哈拉大沙漠之旅。当他怀着坚定意志进入沙漠时，一阵狂风袭来，吹散了他的干粮和淡水，连骆驼也不知去向。他摸遍全身，发现口袋里还有一个鲜红的苹果，立刻喜出望外，生出继续坚持的勇气。几天后，当地土著部落将他救到帐篷中。这位奄奄一息的瑞典老人问起遇险时的状态，酋长告诉他：当时他手里紧握着一个干瘪的苹果！正是这个苹果，强化了他坚持下去的动力，在不经意间创造了生命的奇迹。多年后，这位瑞典医生的墓志铭上只有一行字：我还有一个苹果！

全力以赴，要求做到绝对的矢志不渝。哪怕只有1%的希望，都应付出99%的努力——这就是意志的力量。相反，有些人已经完成了99%却浑然不觉，一旦感到疲惫或遇到困难，就放弃了即将到手的胜利，留下功亏一篑的终生遗憾。正如拿破仑所说：真正的胜利，取决于你坚持到最后的5分钟！

史泰龙年轻时虽然穷困潦倒，却从未放弃成为优秀演员的梦想。他为入主好莱坞的坚持精神尤其值得称道。当时好莱坞有500多家电影公司供他选择，但他将自己的剧本投向这些公司时，没有一家欣赏他的作品。史泰龙并未因此灰心，反而将这些公司按拒绝他的顺序重新排列，开始第二轮投递。如此折腾两次，仍遭到500家公司的一致白眼。但随着经验积累，剧本不断修改，第四轮投递时，第350家公司的老板终于愿意看他的剧本。几天后，史泰龙收到了商谈电影拍摄的邀请。最终，他的剧本不仅得以上映，还被拍成了著名的《洛奇》，而史泰龙本人也在片中扮演男主角。

全力以赴，需要你保持不顾一切、心中只有未来的勇气。

联想集团掌门人柳传志出身军旅。他能在创业路上渡过重重困境，成为当代中国的企业巨头之一，与其军旅生涯塑造的性格密不可分。柳传志常说："我在军事院校的班主任讲的故事对我影响很大。我们联想也有类似的口号——把5%的希望变成100%的现实。当你全心投入时，就该一往无前，不计代价。"

"一往无前"和"不顾一切"，正是柳传志创业成功的关键。只要下定决心，无需过度计算胜算，只要具备这两种品质，就能突破瓶颈，走向胜利。1984年，柳传志以20万元人民币创办中科院计算技术研究所新技术发展公司，迈出创业第一步。1992年，面对外国品牌的"市场侵略"，联想毫无畏惧，扛起"民族工业"大旗，并取得显著成果。2001年后，联想启动新征程：神州数码分拆上市，预期3年内完成。随着成就接踵而至，柳传志信心倍增："联想不会永远局限于PC业务，未来将向多元化发展。"如今，柳传志继续在国际化道路上扬帆起航，联想的品牌知名度与日俱增，与日本松下、韩国三星等亚洲名企比肩，"再次展现了柳传志一往无前的精神"。

在全力以赴的过程中，千万不要想着回头！既然相信自己，又舍弃了身份、自我等一切华丽的包袱，那就该勇往直前——不逼自己一把，你永远不知道自己能有多优秀！

在德国体育界，有位自己不会游泳的游泳教练，只能纸上谈兵、理论授课，却培养出一批又一批泳坛健将。记者好奇他的训练方法，多次采访。教练说："方法很简单，就是准备一条100米长的训练河道，一端浅水，一端深水。"普通教练出于安全考虑，通常让学员从深水游向浅水。而这位"纸上谈兵"的教练反其道而行，让学员从浅水游向深水。他解释说，把深水区放在终点，一旦体力不支就可能溺水丧命，为了活命，学员必须发挥最大潜能，完成深水区的最后冲刺。相比之下，从深水游向浅水，最后必然松懈。没有退路的压力能逼出最大能量，这就是他培养游泳人才的制胜法宝。

当你踏上征途，就如同冲锋陷阵的战士，只能前进，不能后退。唯有勇往直前，才能占领人生的制高点。所以，当自信已让你全副武装，就请放下所有包袱，奔向前方，奋力拼搏，不要有任何顾虑！全力以赴的你虽然没有退路，但只要不再留恋过往，坚定向前，胜利就在前方！

第二章

莫名其妙的兴奋，
无可救药的乐观

1. 兴奋度之源：你的"精气神"，精满气足神旺

奋斗的过程如同漫漫长夜，遭遇瓶颈或阻滞时难免沮丧，可能导致即将到手的成果功亏一篑。要避免"创业未半而中道崩殂"的遗憾，在追求物质财富的同时，我们更应注重修炼以"精气神"为核心的"精神内功"，保持昂扬的精神面貌。正所谓"天有三宝：地火风；人有三宝：精气神"。修炼"精气神"，是成功的基石。你在日常生活中越是精满气足、神采奕奕，成功就离你越近。

外貌形象是人需要内炼的首要环节。当今中国男性群体中，不少人在事业不顺时怨天尤人，从他们外貌的堕落便可见端倪。

这并非简单的"以貌取人"。精气神的修炼不仅能提升"颜值"，更能帮你保持精神巅峰状态。为追求完美，你会不遗余力地做好每个细节，为最终成功奠定良好的非理性基础。"金玉其外，败絮其中"固然不可取，但只重内涵而忽视外在形象，也非成功之道。即使相貌平平，也不该自暴自弃，而要用后天气质弥补先天不足。

曹操相貌平平，"自以为形陋，不足雄远国"，在接见匈奴使者时让英俊的崔琰代替，自己则装扮成持刀卫士立于一旁。他以为如此可以掩盖相貌，但眼光敏锐的匈奴使者一眼看出"床头捉

刀人，此乃英雄也"的真相。正如喜剧演员刘小光所说："主要看气质。"确实，无论男女，由内涵凝聚的不凡气度，完全可以弥补相貌的不足。

文化修养的提升也能展现出独特的气质与风度。

苹果公司创始人乔布斯不仅在企业经营和技术研发上令世人瞩目，更是一位博学多识的哲学家。他常告诫年轻人要多读书、多旅行，既能增长见识、开阔视野，又能提升文化修养，从根本上改善个人气质。

改善身体机能是一项刻不容缓的任务。俗话说："体胖勤跑步，人丑多读书。"坚持跑步等健身运动不仅有助于塑造身材、增强柔韧性，还能间接提升智慧，使人显得卓尔不群。

19世纪初，在滑铁卢战役胜利后，英国将军威灵顿被誉为"世界征服者的征服者"。当被问及如何击败拿破仑时，他回答："这场胜利始于伊顿公学的球场。"

美国被视为当今最具创造力和竞争力的国家之一，这一成就源于其大学教育的开明、全面。有趣的是，美国大学并非以专业学术研究见长，体育才是其教育核心。学生选校往往不是为了专业，而是因为钟情某支校队。校内教练的声望和收入常超过教授，许多学术教师也身兼球队教练。在体育场上，师生默契日益加深，美国大学生不仅实现德智体全面发展，更在锻炼中培养坚强意志和社交能力。正如《美国大学的体育竞争》一文所言："体育是美国培养精英的重要手段，它既能强身健体，又能形成崇尚竞争、积极进取的精神氛围。"

由此可见，追求成功必须在形象外表上发展"软实力"：用读书看报代替烟酒消遣，以健身锻炼取代不良习惯，在着装上以端庄得体取代华而不实。即使相貌平平，保持生气勃勃、精神矍铄的状态，也能在异性眼中脱颖而出。这种良好的精神面貌更能为你拼搏事业加油助力，让你在无形中魅力四射，幸福自然会以"精气神"为基石，不请自来。

2. 兴奋第一步："积极"地参与进来

　　一切好事贵在参与。正所谓"不入虎穴，焉得虎子"，追求成功不能局限于空谈理论，更忌讳纸上谈兵。没有调查，就没有发言权。因此，当你有了渴望成功的心态、崇高的目标和光明的起点后，积累成功的第一步，就是以饱满的热情积极参与。

　　在工作团队中，想要出人头地或有所建树，"积极参与"必须始终如一。面对团队的纵向发展，在不同阶段采取不同的参与策略，往往是成功的捷径。

　　积极参与让你的发言建立在充分"调查"的基础上，使你能在所从事的领域中摸清门道，在实践中获得领悟，不断提升创造力。否则，你的理论和经验都将是"头重脚轻根底浅"的"纸上谈兵"，缺乏实战价值。

　　年轻创业者罗文雅能够"出名要趁早"，得益于她从小对各类商业活动的积极参与。高中时她尝试销售自制手机链，大学期间经营过手工艺品的网店，最终实现了儿时的服装设计师梦想，创办了一家专业的服装工作室。

　　2008 年，电商平台淘宝方兴未艾。洞察商机的罗文雅认为网店营销将在新世纪蓬勃发展，于是全身心投入创业。她曾向记者透露："那时我们只投资两百元开店。因为喜欢服装设计，就打算在淘宝卖衣服……但当时没有货源，不知从哪里进货，加上高中学业紧张，最终不了了之。"

但罗文雅始终没有放弃服装设计的梦想，大学专业也选择了服装设计。作为理科生，报考艺术类专业需要通过专业考试。性格坚毅的她在短短4个月内复习完服装设计的专业知识，顺利通过专业考试。进入大学，学习心仪专业的同时，罗文雅开启了新一轮创业尝试。

由于资金有限，她通过承包食堂、销售盒饭积累创业第一桶金。同时，她投入大量时间学习专业知识，为未来创业积累理论基础。罗文雅回忆说："那时我们在学校制作 COSPLAY 角色扮演服装。从选材料、设计到一针一线缝制，都亲力亲为。"在打工学习的过程中，她坚持追逐"服装梦"。除此之外，她还经营花店，不仅增加了收入，还将经营经验应用到服装工作室的管理中。

罗文雅在成都迅速创办了自己的服装工作室，赢得客户好评，在当地声名鹊起。从高中初创到如今硕果累累，她始终保持着无尽的热情和干劲。这种热情源于她对每项工作的积极参与。面对梦想成真，罗文雅说："看到新娘穿上我设计的衣服时，我感到无比幸福，我太爱这份工作了。"确实，她发自内心的幸福源于不懈的努力，而这种成功归功于一次又一次的参与和尝试。

虽然积极参与对累积成功的兴奋感至关重要，但更需谨记：参与是一个曲折漫长且务实的过程。如果只是形式主义、表面功夫，不仅会让成功越发遥远，还会因虚无的"努力"而疲惫烦躁。

江西景德镇人李文宏从小怀揣作家梦想，至今仍在精神世界中追逐文字与音乐。2007 年从瓷器工厂下岗后，他专心在家创作。半年多后，机遇降临：他的歌词《别哭别哭》在汶川灾区传唱，《人民警察》被谱曲后广受欢迎，更有明星王宝强看中他的《势不可挡》与《做有意义的事》两首词作，将其作为励志代表作。短短两三年，李文宏取得如此成就，成功似乎触手可及。

然而命运与他开了个玩笑，他与王宝强的合作未能如方文山和周杰伦般成就非凡，昙花一现后重归平淡。不甘寂寞的李文宏，本该继续专注创作，写出更多有意义、有分量的作品。但出于对成功的渴望，他似乎忘记了作家要"坐冷板凳"的辛苦，不再专注作品质量，反而浮躁地选择依赖媒体炒作。虽然几年间接受了40 多家媒体采访，但他的作家梦想支持者寥寥无几。由于创作乏力且无固定收入，他年迈的父母不得不在退休年龄打工养家。

为了梦想，努力要务实；为了成功，付出要真诚！埋头苦干，弘扬"傻认真"精神，积极参与其中、乐在其中，"兴奋"才能不请自来，动力也不会虚浮，让你真正走上实际意义的"成功之路"。

3. 当别人讲你是疯子的时候， 你就走在成功的路上了

当你全身心投入事业时，以热情为帆、激情为力，不仅过程不会枯燥，随着专注度提升，成功的概率也会逐渐增大。当别人说你是疯子时，你就走在成功的路上了！成功者的疯狂状态，最显著的特征就是能始终保持如"母鸡"般的兴奋。这正是成功路上不可或缺的非理性要素。

众所周知，在所有家禽中，鸡的产蛋率最高。据统计，一只母鸡每月平均产蛋不少于 20 个，远超鸭子、白鹅、家雁。因此，鸡蛋在禽蛋市场上始终是销量最高、利润最大的产品。体型小于鸭鹅的母鸡之所以有如此产能，源于其产蛋时的兴奋状态。每当产下新蛋，它都会连续发出"咯咯哒"的欢叫，表现出极度的疯狂和兴奋。这种亢奋情绪激发产蛋激情，在这项"专门工作"中形成良性循环。因此，"母鸡"就是成功学中"疯子"的最佳写照！

由此可得出一个真理：兴奋如"鸡"，才能产出更多的"蛋"；疯狂如"鸡"，意味着你正在成功路上全速前进！

这种疯狂的状态，正是克服工作单调的有力武器，能在周而

复始的重复中不断进步和创新，在不知不觉间成就自我。学会让自己成为一个"疯子"，本质上是一种"巅峰"状态的展现。

"苹果之父"乔布斯的成就，归根结底源于他始终保持着"疯子"状态。高中时期，他就痴迷于电子技术，立志将其作为终身事业。在校园里，为了表达这份热忱，他参加了惠普公司的一场小型电脑技术讲座，慷慨激昂地发言，在热烈掌声和主办方认可中，看到了自己在这个行业的光明未来。

步入大学后，乔布斯开启了毕生奋斗的乐章。20 岁时，他已在惠普和雅达利积累了丰富经验，这让他为梦想始终充满动力和激情。他疯狂地在不同领域领先他人，有条不紊地打造自己的"个人品牌"。

随着经验和技术水平不断提升，乔布斯最终认定"大学很重要，但不是必需"，大三时毅然辍学，不久后研发出令人瞩目的苹果电脑，引发世人关注和惊叹。初次成功推动了他"兴奋度"的无限扩展，从此进入"无所不为"的巅峰状态。除研发电脑外，他还与他人合伙创办苹果公司，推出以 iMac 为代表的新品牌，不仅帮助苹果渡过财政危机，更使其成为享誉全球的一流品牌。

乔布斯最终离开苹果，并非因为事业满足，而是为了与胰腺癌抗争。虽然他在 56 岁盛年离世，但他那不知疲倦的疯狂状态，以及由此取得的成就，将永远是人们津津乐道的话题。

综上所述，这种积极情绪的调节并非简单之事，不是喝杯咖啡就能解决。要练就"疯子"般的成功境界，至少要从两个方面着手。

第一，热爱自己的工作，每个环节都追求完美。

"百家讲坛"的知名讲师多为高校名师或学者，而出身高中历史教师的纪连海，凭借课堂上"疯子"般的表现和无与伦比的激情脱颖而出。

在很多人眼中，中学历史教师这份工作并不受欢迎，其枯燥的流程、乏味的内容和不高的薪酬，在教育部门往往被视为"旁门左道"。然而纪连海在这个普通讲台上执教数十年，不仅如此，他还将精彩课堂搬上电视荧屏，收视率超过了"百家讲坛"所有大学教授。这归功于他对历史的热爱，以及在热爱中迸发的无数激情火花。

纪连海不仅对历史知识考证严谨，为确保学生上课不打瞌睡，他更注重发挥课堂表现力。为了用充沛的激情点燃全班热情，他在寒暑假和节假日用大量时间听相声评书，不是为了消遣，而是学习说书人的技巧，提升讲评技能。此外，讲授历史时他善用"代入法"，讲到哪个历史人物就即兴扮演谁，增添课堂戏剧色彩。这样不仅让学生听得更投入、专注，也帮助他们在考试中取得高分，可谓双赢。

纵观纪连海在电视上讲述的历史人物，无论是多尔衮、鳌拜等满洲勇士，还是纪晓岚、吴三桂等人物，他都以热血沸腾、酣畅淋漓的表现赢得观众。他用疯狂般的"撒手锏"，战胜了几乎所有依靠"学者大腕"的对手，一度连易中天的风头都被盖过。

第二，永远相信光明的未来，借助热情为整个领域注入正能量。

亚马逊创始人杰夫·贝索斯素有"胆商"之称，他创建的网络书店让传统实体书店陷入困境。年轻时在华尔街打拼的贝索斯被誉为聪明的"金融小子"。当萌生创办网络书店的想法后，他毅然辞去稳定工作，专注谋划这项颠覆性事业。他的第一步就是在咖啡馆里"歇斯底里"地宣传推销，以至许多顾客对他留下深刻印象。

这家咖啡馆位于巴诺书店内。多年后，正是这家书店的市场份额被亚马逊抢占殆尽。贝索斯表面上在这里喝咖啡，一旦见到衣着讲究的顾客，就立刻变得神采飞扬、手舞足蹈，用夸张的表现吸引人们注意。他宣传的正是创办网络书店的宏大构想。日积月累，他的高调表现远近闻名，而在慷慨激昂背后隐藏的缜密分析和精准策略，吸引了众多资深投资者和成熟企业家。炒作渐有成效，表演终见成果，他的计划终于找到实践机会。多年后，当亚马逊成为实体书店的劲敌时，人们或许已忘记巴诺书店咖啡馆里那个疯狂的年轻人。

在从容中寻求一丝兴奋，在巅峰状态中营造跌宕起伏，是我们在成功之前最理想的非理性疯狂状态。此时回味成功的第一步，无疑就是要把自己打造成一个无可救药的疯子！

4. 兴奋中的三重境界：正常人、傻子、疯子

国学大师王国维将人生的求学历程归纳为"三境界"。第一境界是"昨日西风凋碧树，独上高楼，望尽天涯路"；第二境界是"衣带渐宽终不悔，为伊消得人憔悴"；第三境界是"众里寻他千百度，蓦然回首，那人却在，灯火阑珊处"。通过不同主观体验的顿悟，感悟学习境界的不断升华，这种见解在今天仍具有重要的启发意义。

同理，奋斗者要想在成功的道路上坚持到底，也应该经历"兴奋"的三重境界：第一境界是正常人；第二境界是傻子；第三境界是疯子。

在这个世界上，最无可指责的是正常人，但最普遍的也是正常人，最可能一事无成的，同样是正常人。脂砚斋在评点《红楼梦》时曾感叹："人若改常，非病即亡。"正因为正常人没有棱角，也不存在争议，他们往往满足于稳定安逸的生活而放弃进取，也难以凭借个人魅力吸引贵人相助。因此，平庸始终如影随形，正如一本书所言：所谓的稳定，不过是在浪费生命！

关于"傻子"的第二境界，令人联想到一本书的标题:傻认真。

这种傻里傻气的认真，并非"不聪明却勤奋"的偏颇解读，而是对专注和专业的极致追求，是一种无形的向上力量，更是当今中国人最需要的职业精神。因此，要成就一番事业，仅仅认真是不够的，而是要"傻"认真。

前文提到，保持如"鸡"般的亢奋状态，是完成工作、走向成功的重要主观因素。因此，在恪守"傻"的原则基础上，还要努力保持工作中的"巅峰"状态，使自己成为一个永不疲倦的"疯子"。在旁人眼中，你的状态和思维越显得不同寻常，就越说明你离成功更近了。

纵观日本的近代历史，就是一部从正常人过渡到傻子、最终蜕变为疯子的民族复兴史。明治维新时期，天皇派遣的欧美考察团在目睹西方繁荣的物质文明时，使者们都经历了"始惊、次醉、终狂"的兴奋过程。日本人的"始惊"源于他们数百年来在德川幕府的传统统治下，与朝鲜王国的封建统治并无二致，常规的社会规范使他们初到欧美时倍感新奇；他们的"次醉"是因为决心实现崛起复兴的"日本梦"，归国后迅速投入"傻认真"的建设事业中；最后的"终狂"使日本崛起，连素有"战斗民族"之称的俄罗斯人也自愧不如。

"始惊、次醉、终狂"是日本人追求复兴梦想时表现出的三种状态，从"正常人、傻子、疯子"的"成功三境界"角度分析，同样可以归纳出日本实现近代化的成功要素。

在1853年"佩里叩关"事件之前，日本人一直过着庸碌的"正常人"生活。

1600年德川家康取代丰臣秀吉成为日本第一实力派军阀，

1603 年日本进入了德川幕府统治时代。17 世纪时，近代资本主义萌芽已陆续向东方扩展，但德川家族因惧怕西方炮火和天主教的影响力，不得不采取消极的闭关锁国政策，除了中国、朝鲜、荷兰外，拒绝接见其他大国的使者。德川家族采用这种保守的统治策略，虽然使日本免于遭受奴役，却也使日本落后于世界文明潮流。同时期的朝鲜和印度等文明古国，大多也采取类似的闭关政策。这种出于保护本土主权和市场的政策虽属正常之举，却正因过于"正常"而贻误大事。当时的日本人生活在风光旖旎的岛国上，对外界一无所知，以至美国海军的"黑船"突然出现在港口时，竟毫无应对之策。佩里将军仅凭一艘黑船，就征服了这个落后羸弱的民族！

自从美国将军佩里用武力打开日本国门后，日本人迅速进入了"傻子"意识阶段，他们在对侵略者心怀"感激"的同时，也努力学习对方的文明。

佩里叩关使日本沦为半殖民地半封建社会，此后荷兰、英国、法国、俄罗斯相继进入日本，对德川幕府施压，使日本国运岌岌可危。然而，日本人在协助天皇夺权亲政、推翻幕府统治后，反而对这些来意不善的侵略者愈发礼遇，令亚洲邻邦和西方列强都感到困惑。在丧失主权后，日本人不把侵略者视为恶棍，而是将其视为帮助自己开阔眼界、摆脱落后的恩师，学习西方的愿望与日俱增。

"明治维新"初具规模后的日本，迅速进入"疯子"的状态。他们高唱"布国威于四方"，不仅不再将邻国朝鲜放在眼里，甚至敢于在俄国这个远东霸主的"熊口拔牙"，并取得了出人意料的重大胜利。

19世纪末，沙俄成为日本争夺远东霸权过程中最后且最强大的对手。从体质看，日本人身材矮小，俄国人高大壮硕；从经验看，日本人主要与朝鲜等弱国交手，而俄国人曾与英国、法国、土耳其、奥地利、普鲁士等欧亚强国交战；从实力看，日本军备尚在筹建中且在甲午战争中损耗巨大，而俄国拥有先进的近代化武器和庞大的精锐兵源。在这场即将到来的大战中，日本处处劣势，但面对强大的对手，他们仍选择主动出击，上演了一出"饿狼扑熊"的惊险戏码。

日俄战争以日本胜利告终，日本由此成为远东霸主，跻身世界列强之列。

纵观这个强大邻邦的崛起史，深刻印证了成功"三境界"的重要性。只有摒弃正常人的生活，进入"傻子"境界，才能以赤子之心面对艰巨任务，实现伟大逆袭；而当达到"疯子"境界后，你将在成功的苍穹中永不疲倦。从此，永立不败之地，成功非你莫属！

5. 不知道为什么兴奋，不知道为什么乐观，就是兴奋，就是乐观

英国学者弗朗西斯·培根说过："灰心生动摇，动摇生失败。"这句话强调了消极的非理性因素对人失败的推动作用。在这个以情商为主导的时代，情绪的好坏确实对一个人事业的成败影响巨大。同样，良好的情绪等非理性因素也能助推成功，而这种良好的情绪，就是兴奋。对此，笔者也坚信："兴奋生乐观，乐观生成功。"

将兴奋和乐观持续融入生活和工作中，你就能拥有更多干劲和激情，对事物产生无穷兴趣，追求目标的过程也将成为一条"痛并快乐着"的成功之路。

然而问题在于，你因何而兴奋，又如何始终保持乐观？有些人在工作中四平八稳且捷报频传，你可能不明白他们为何兴奋，为何乐观，但他们呈现在你眼前的状态始终如此：不论经历什么，都保持着兴奋和乐观！

成功者无不是兴奋与乐观的"精神集中营"。他们能够在内心深处让兴奋和乐观和谐共存，因为他们做到了成功最需要的两个方面。

首先是做足了自我确认的功夫。他们了解自己的素质禀赋适合做什么，明白自己想要什么样的生活。当理想的蓝图已然勾勒完毕，他们就能在自己喜欢的领域全身心投入，越是疲惫，兴奋就越能源源不断地化作汗水，从体内涌出。

音乐才子周杰伦在新世纪的港台乐坛中脱颖而出，通过《双节棍》和《龙拳》两张极具个性的专辑，很快迎来了音乐生涯的巅峰，打破了四大天王和周华健长期垄断大陆音乐市场的局面，开创了一个新时代。周杰伦自幼生长在单亲家庭，本不是个活泼开朗的孩子，"高兴奋度"原本与他无缘。然而，这个不善言辞、木讷害羞的大男孩，却在音乐世界里找到了属于自己的"兴奋点"，进而成为一代乐坛先锋，这正是源于他精准的自我确认：他就是为音乐而生的！

周杰伦四岁就能弹得一手好钢琴，平日里热爱听磁带，只有在音乐的世界里，才能忘却单亲家庭、缺少朋友、学习成绩不佳等现实中的种种苦楚。1996 年，虽然高考成绩平平，周杰伦迫于生计，只得在一家餐厅做起了传菜员。但他反应不够敏捷，且不善言谈，不会阿谀奉承，一旦工作出现纰漏就会遭到老板无情责骂，甚至被扣发薪水。

周杰伦在这份工作中很不如意，但他始终有寻求慰藉的方式：每次发工资后，他都会去音乐市场购买大量磁带，或在家里苦练钢琴，在这个属于自己的天地里尽情释放尘世的辛酸和无奈。尽管当时境况不佳，但他心中做音乐人的梦想之火从未熄灭。

直到有一天，餐厅里配备了一架钢琴，老板希望通过歌声助兴来吸引更多食客。然而前来应聘的琴师大多技艺不精，换了几个都被辞退。周杰伦当时已有自创歌曲，钢琴技术也相当出色，但因知道老板对自己的不喜，加上性格内向，一直没有主动请缨的勇气。

直到某天，周杰伦趁着餐厅无人，终于按捺不住弹起了自己的歌。他越弹越兴奋，越唱越开心，竟没注意到同事已经回来偷听。这位同事听了钢琴曲，不禁大吃一惊："这个平日不爱说话的大男孩，竟然还会弹钢琴！"老板很快得知此事，于是周杰伦从餐厅传菜员摇身一变成了钢琴师。他凭借出色的演奏和良好的服务，为餐厅吸引了更多的顾客，如愿以偿地从事起自己喜爱的工作，老板还因此给他加了薪。

其次，成功者总是沉浸在自己喜欢或擅长的事业中，这本身就是兴奋的源泉。在日常生活中，这种兴奋常常会转化为某些标志性动作，而通过这些动作产生的兴奋感，又会让他们的内心永远充满乐观。这种在兴奋支持下的"顽固"乐观，进一步转化为强大的自信，在不懈努力的积累下，最终结出成功的果实。这类创造兴奋的标志性动作有很多，比如英国首相丘吉尔的胜利"V"字手势，或是喜剧演员许君聪的口头禅"没毛病！"

2001 年 911 恐怖袭击后，本·拉登成为 FBI 悬赏缉捕的对象。为躲避美国和世界反恐力量的联合搜捕，狡猾的拉登将自己隐藏在一个极其隐秘的地点，就连以高效著称的 FBI 搜查数年也无功而返。

追捕本·拉登成为美国最棘手的任务，许多特工甚至萌生了放弃的念头。但一位20多岁的女特工珍妮（化名）却将此视为己任，别人越是难以完成的任务，到了她手中反而令她愈发兴奋。为搜寻本·拉登的相关信息，珍妮不仅把握每个机会，甚至对情报系统中的每个单词都仔细研究，全身心地投入调查工作。每当有所发现时，她就召集 FBI 高层开会，分享自己的研究成果。面对质疑，她总是脱口而出："百分之百准确！"因此大家打趣地称她为"百分之百小姐"。

随着时间推移，本·拉登的案件愈发扑朔迷离，但这位"百分之百小姐"依然充满希望。终于在一次审讯塔利班囚犯时，她发现了本·拉登亲信艾哈迈德的行踪，并通过技术手段追踪到巴基斯坦阿伯塔巴德小镇上的一座豪宅。珍妮惊讶地发现，这座住着二十多人的豪宅每天只有一两个人出门购物，买回的全是清真食品。豪宅没有任何供电设施，居民的生活废弃物都通过自行稀释和焚烧处理，与外界完全隔绝。而三楼住着一位身材高大的"散步者"，多年来从未离开过房间！珍妮由此更加确信这就是本·拉登的藏身之处，那位足不出户的"散步者"就是本·拉登本人！面对同事们将信将疑的态度，她再次说出了那句标志性的话："百分之百！"

"百分之百小姐"的调查逐渐获得官方认可，越来越多的证据表明本·拉登就藏身于这座小镇豪宅中。2011 年 5 月 1 日，海豹突击队从天而降，迅速突入豪宅，成功击毙了这位恐怖袭击的元凶！在击毙本·拉登的行动中，这位女特工功不可没。她能在十年间专注于这一重大任务，全赖她持续的兴奋投入和乐观自信，而她的标志性特征，就是那句"百分之百"的口头禅。

要在工作中保持持久的兴奋，在情绪中永驻乐观，你必须对自我有一个完整、全面且准确的定位，同时在公众面前适度展现一些潇洒而不失严肃的标志性动作。如此，成功就会在你的兴奋世界中脱颖而出。

6. 让兴奋在日常生活中安然运行

兴奋作为长期伴随，决定了一个人对事业和理想的责任与信心。在日常生活中，兴奋无疑是各种非理性因素中的"精神元首"。然而，要在日常生活中保持"长生不老"的兴奋，并非要你时刻处于亢奋状态，而是应该以平淡的方式表达你的"兴奋"。因为只有以平淡为载体的兴奋，才能让你在事事留意的同时保持处变不惊的稳定状态，从而把每件事做好，最终稳步踏上成功之路。

情绪是一把双刃剑，它既能助长你的自信和热情，保障你屡获成功，但在你偶尔失败时，一旦失控而胡乱宣泄，就会导致彻底失势。因此，让兴奋在日常生活中安然运行，并非总要大张旗鼓地自我张扬，而是在保持内心澎湃的同时，注意维持兴奋情绪的自然性。除了要在形象上保持"乐而不淫"的中庸，更要学会处变不惊。

像"鸡"一样的兴奋状态，需要充盈在你奋斗起步的瞬间；而这种在平淡中缓缓溢出的兴奋情绪，则值得你在生活中时时保持。真正功成名就、洞察万物的人，往往不以凌厉逼人见长，反而具有淡雅朴素的修为。优雅与力量在一个人身上往往能够成正比。可以说,能在奋斗中顿生兴奋的人是强大的;而能够控制兴奋、在生活中稳住兴奋的人,则是伟大的。

晚清中兴名臣曾国藩就是一个懂得"调控兴奋"的人。他以书生身份却能统率千军,在朝廷中忠君爱国,礼贤下士,因而深得臣民爱戴。一次酒宴上,曾国藩与客人谈论当今风云人物。有人说:"胡润芝办事精明,滴水不漏,人不能欺。"曾国藩点头称是。又有人说:"李鸿章执法如山,铁面无私,人不敢欺。"曾国藩又若有所思地点头。这时,有人说道:"曾公虚怀若谷,求贤若渴,人不忍欺。"这句话令曾国藩十分欣慰,酒桌上其他人都深表赞同。曾国藩虽位高权重,却以慈眉善目、彬彬有礼的气质给下属官员留下近乎完美的印象。同时,人们也未曾忘记他在与太平军作战时,那种激情四射、信心满满时所表露的"兴奋"。

让兴奋在日常生活中安然运行,其根本不仅是一个涵养问题,更是人的格局与气度的问题。在奋斗起步阶段,兴奋的程度与成功的高度往往成正比,堪称一组"单调递增函数";但一旦跨过某个阶段的里程碑,"兴奋的程度"就要被"兴奋的稳度"取代,形成一组新的递增主体。

既然了解这一事实,我们就应该:在经历了初期浅尝辄止的新鲜感和"三分钟热血"后,继续深入探究工作和事业时,培养一颗相对淡泊的心态,让兴奋在绚烂一阵后缓缓归于平静。这样,兴奋就会如同撒花椒面一样遍布你生活的各个角落。在你首战告捷而意犹未尽时,这种"生活常态化"的"平淡"兴奋就会帮助你迅速将美好憧憬转移到下一场胜利之上。

巴西这个"足球王国"诞生了许多为世界球迷熟知的足球名

将，贝利就是其中之一。贝利初登球场比赛时，记者问他："你的哪一个球踢得最好？"贝利从容答道："下一个。"当他在球场上屡屡得分，不断受到观众和球迷拥戴时，面对记者同样的提问，他依然回答："下一个。"后来，贝利成为世界著名球王，创下1000次射门成功纪录时，记者再次问他这个问题，他仍然说："下一个。"每次记者提问，"下一个"三个字始终在贝利口中掷地有声又朴素自然，体现出永不满足的进取精神，更显露出对持续成功的渴望。他在球场上能够热血沸腾，与对手决战到底，而在记者面前则平易和蔼，保持平淡如水的心态，正是这种心态，保证了他在不同阶段的目标一次次实现。

将兴奋"生活常态化"后，你的工作就会变得更加有条不紊，既不会因一时挫折而心浮气躁、萌生退意，也不会因初步胜利而骄傲自满。在平淡轨道中运行的兴奋，会逐步稳定你的工作节奏和生活面貌，让你在精神上处变不惊，在工作中孜孜不倦。

稻盛和夫在日本企业界家喻户晓，他的功成名就源于年轻时对新高度的不断挑战。虽然刚开始工作时，稻盛和夫对第一份工作并不适应，很多员工因工作枯燥乏味而辞职，但他选择继续留下。在他看来，还未取得工作成绩就没资格提出辞职。就这样，稻盛和夫迎来了人生第一次成功：凭借毅力留到了最后。

为了干出业绩，稻盛和夫专注研究新型陶瓷材料。他把生活必需品都搬进实验室，将大部分精力投入研究，翻阅无数杂志和材料，即便休息时也在思考。不懈努力终获回报：年仅25岁的稻盛和夫在无机化学领域取得了新成果。面对公司褒奖，他毫无沾沾自喜之心，生怕成功的热劲过后会重回入职时的枯燥，于是立即为自己制定了新的研究目标。

他的第二个研究对象是开发"镁橄榄石"新材料。这是公司迫切需要的材料，当时全日本的材料公司都未能合成。稻盛和夫欣然接手这项任务，投入更多实验，甚至成了"实验疯子"。令人惊喜的是，"镁橄榄石"新材料在他手中首次成功合成。

可以说，不断瞄准新目标、投入新动力，永不止步、持续前进，是稻盛和夫不断有所斩获的重要原因。更重要的是，为获取新的研究成果，他整日泡在实验室里，逐渐养成了寡言少语、沉默低调、适应枯燥生活的习惯。源源不断的成功让他拥有了心如止水的平和心态，这种心态又时时反哺他的智慧和经验，助他再创新高。在稻盛和夫身上，将兴奋平淡化处理进而推动事业成功，这种成功又反过来强化这种心态，形成了一个持久的良性循环。

"淡泊以明志，宁静以致远"。让兴奋在日常生活中安然运行，你就具备了永不言败的资本！

第三章

所有的结果，都在于做决定的那一刻

1. 所有的结果，都在于做决定的那一刻

水有源，树有根，人的成败也有其特殊原因。这种原因最远可以追溯到事业的起点。起点的方向，往往决定终点的结局。我们既能从一个人的成败结局中分析他过程中的失误，也能直接从他的起步阶段发现问题。简而言之，所有的结果，都在于做决定的那一刻！

有这样一个故事：三个工人在工厂搬砖。有人问他们在做什么。第一个工人说："我在搬砖。"第二个工人说："我在为每天100元工钱努力。"第三个工人说："我正在建设世界上最豪华的宫殿！"

多年后，三人有了不同的归宿：第一个工人成了工人队伍中力气最大的工人；第二个工人成了某建筑工厂的包工头；第三个则成了世界著名的工程师。

心有多大，舞台就有多大。你的决定，"决定"了你成功的质量和高度。当你的目标平庸无奇，那么你未来所得到的，相比一般人也注定不会有任何出彩之处。

有个关于驴子的故事颇耐人寻味：动物王国在狮王授意下决

定举办盛大联谊会，允许各种动物报名参加。狐狸秘书对拉磨工驴子说："你嗓门很高，可以在联谊会上唱首歌。"驴子推辞道："不行，我唱歌很难听。"狐狸又建议："你试试做主持人？"驴子又说："不行，我形象不好。"狐狸问："那你想参加什么活动？"驴子说："我只想拉磨。"狐狸说："好，那你就去拉磨吧。"

驴子回到磨坊，兴致勃勃地投入工作。国王狮子看到其他动物都在准备节目，只有驴子还在拉磨，顿时赞叹："有这样勤奋的工作人员，真是我动物王国的骄傲！"狐狸秘书却对狮子说："驴子的确很勤奋，但磨上已经一无所有，它却还在打转，这不就是制造假象吗？"狮子看了果然如此，不禁摇头叹息。

联谊会结束后，狮子宣布开始评选年度劳动模范，驴子很是委屈，因为又一次与这个头衔失之交臂。驴子向狐狸诉苦，问为什么自己最勤劳却总评不上先进？狐狸说："你拉磨的技术的确一流，可我们早已改用机器拉磨，你不想让自己的技术更新升级，自然不能入大王的法眼。"驴子听罢，顿时哑口无言。

这个看似浅显的故事寓意深刻：现实中很多难以提升的员工，只奋斗在自己权责范围内，因而无法拓宽晋升渠道。起点过于低下，满足了他们的安逸心理，最终让他们在终点处被对手超越。

起点决定终点，格局影响结局。懂得这个道理，你就应该在奋斗的起步阶段努力做好两件事。

第一，尽可能提高你的阶段性目标，不拘泥于本分。

韩国三星集团前任领导者李健熙上任伊始，就提出了自己为大家制定的营销目标——将明年业绩至少翻一番！此令一出，公司内部一片翻腾，不少员工都认为这位李会长是不是疯了，简直好高骛远。不仅基层员工对这个目标谈虎色变，连公司的许多中层干部都团结起来，联合劝说李健熙收回"条令"。

李健熙对此十分淡然，他随即向大家提出一个问题：汉字中的"田"字有9个点，9个点连接起来一共需要多少条直线？

且不说答案五花八门，有些人直接质疑这个问题与业绩翻番有何关系？

李健熙笑了笑，随后拿起笔来，从左到右将"田"字的9个点盖起来，慢慢淹没在一个大大的"一"字之内。大家此刻才恍然大悟：目标再高并不可怕，只要放大格局，力争上游，方法正确，再辅以团结一致的向心力，胜利就不在话下。

第二，不断放大你内心的格局，因为锅有多大，烙出的饼才会多大。

十八路诸侯讨伐董卓失败后，各路豪强纷纷自成一派，经营各自的势力范围。当时作为盟主的袁绍，拥有青、徐等数州，掌控百万军队，势不可挡，最有实力争夺天下。相比之下，曹操实力难以与之抗衡。诸侯们散伙宴后，袁绍曾问曹操："吾南据河，北阻燕代，兼沙漠之众，南向以争天下，庶可以济乎？"曹操听后，回以一句豪言壮语："吾任天下之智力，以道御之，无所不可。"两人虽在名气和实力上相差甚远，但在胸襟、气度和格局的层面的比较中，却又判若云泥。

兵多将广的袁绍虎踞冀州等军事重地，想到的最高目标却仅是裂土称霸；而实力弱小的曹操虽一时难成气候，却早有牢笼英雄、统一华夏的雄心壮志。两人的成败，早在起兵之日就在冥冥之中埋下了伏笔。官渡之战的结局，自然也就不言而喻了。

　　理想和现实总是存在差距，却也在很大程度上相互牵制，密不可分。你想做总统，或许至多能入主国会；想进入国会，也许充其量留在州郡；想当上州长，可能拼尽全力也只能成为基层官僚。但最可怕的是，如果你仅仅满足于做一个基层官僚，按照上述逻辑推理，你或许穷尽一生也不过是个没有任何头衔的平民！说到这里，你应该明白：有梦想并不可笑，整天打着"尊重现实"的幌子而过着庸碌生活的人，才是人世间最为奇葩的笑柄！当你准备站在起跑线上时，你的眼光甚至不能停留在奖牌上，而是要眺望远方，看看隐藏在今天的奖牌之后，是否还有更大更多的惊喜，等待未来的你去开采挖掘？

2. 不能第一，就做唯一

正如俄罗斯著名作家陀思妥耶夫斯基所说："俄罗斯在世界上不屑于扮演第二位的角色，甚至也不甘心扮演第一位的角色，而是一心要扮演世界上独一无二的角色。"实际上，不仅是一个民族，就连一个追求成功的个体，在无法争取第一时，最好的选择就是争取"唯一"。真正成功的人，从不相信"天下第二也挺好"的谎言。

有句话说："走自己的路，让别人说去吧。"用著名策划专家史宪文教授的话来说，就是："要站在稀缺资源的这一边。"正是因为稀缺，才能显示出你的弥足珍贵，你的成功才显得更加与众不同。

所以，当你想成为"第一"而不得时，"唯一"就是你最好的选择。要想成功，思想上首先要与时俱进。

史宪文凭借长篇评书《亮点三国》走红网络和影视，随着声名鹊起，他也开始坦然面对往昔的窘境。他高中时代的学习成绩并不优秀，从平时考试成绩来看，也就是专科的水平。高考迫在眉睫，同学们在苦读的同时也开始关注报考。迫于压力，许多成绩不错的学生为求稳妥，都降低目标报考普本与专科。史宪文深知这些人的成绩比自己更好，心想：既然比我学习好的都报普本和专科，以我的水平恐怕只能名落孙山。可是大家都选择报普本和专科，重点学校不就出现空缺了吗？于是他做出一个破天荒的决定：冒险报考重本。他不顾家人和朋友的反对，认为这是避开竞争的良机。经过最后一段时间的努力冲刺，史宪文最终以超常发挥的成绩进入了名校。多年后，当有人问他为何能考上名校时，他半开玩笑半认真地回答："因为我当时考不上专科，所以才考上了重本。"

有了这样的理念后，行动上更不可盲目从众。越是看起来让人不知所措的任务或工作，就越需要"唯一"的谋划方针和执行方式。

史宪文考上重点大学后，珍惜这个机会继续努力奋斗，并有幸考取了国家公务员，在辽宁省大连市某开发区任职。在"发展是硬道理"的理念已深入人心的20世纪末期，史宪文"唯一"的稀缺思想，再次在工作中发挥了重要作用。

随着民营企业和国有企业在大连市兴起，机关单位需要了解股份制的相关常识，以便在考察时能用丰富的理论基础解决问题。很多同事都知道史宪文思维独特，便推荐他来做这项工作。史宪文欣然接受，并不在意自己对股份制同样一知半解。领导担忧地问他，你也不了解股份制，上面问起来怎么回答？史宪文却反问："既然大家都不知道股份制，那他们会怎么问呢？"他阅读了一些经济教材，又去深圳、上海等一线城市考察，很快就整理出有关股份制的作答方案，撰写成报告，在机关单位内部传阅。结果出人意料，史宪文所在部门在股份制学习和实践工作上得到上级青睐，省级部门也多次拨款，支持他们所在开发区发展地方经济。就这样，史宪文凭借"唯一"的思维和超越常规的工作方法，在工作中首战告捷。

"唯一"，实质上是一种主观创造力的体现。当我们的事业无路可退，又必须力争上游时，"唯一"不仅能取代"第一"，其价值甚至超越"第一"。要做到"唯一"，需要我们拓宽眼界，放大格局，多一些创造，少一些经验主义和传统思维。

被称为"网络第一红娘"的龚海燕虽然最终离开了世纪佳缘CEO的位置，但她那段富有创新精神的创业历程，至今仍被人称道。

龚海燕高中时期成绩优异，曾位居年级第二。然而高二时一次意外车祸，加上父母生活艰辛，迫使她不得不辍学，痊愈后靠经营小超市谋生。辍学三年后，有了一定经济基础的龚海燕重返校园，先后在北京大学中文系、复旦大学新闻系完成了本科和硕士学业。但作为女孩，学业优秀似乎总不如婚姻美满更令人满意。由于有过三年休学经历，她比同级男生年长，个人问题让家人和自己都很困扰。迫于压力，龚海燕在读研期间尝试网络征婚。

因为对网络婚介环境不了解，龚海燕两次征婚都遭遇欺骗。然而意志坚定、始终有主见的她在这惨痛经历中，突然萌生了一个新想法：如果能在网络上创办一个安全可靠的婚介平台，不仅能解决个人问题，还能帮助单身的朋友，同时对网上的欺骗行为进行遏制，岂不是一举三得？

执行力强的龚海燕迅速付诸行动，拿出 1000 元积蓄制作网页，拉拢几个伙伴，世纪佳缘就这样简单地开张了。2004年，她在上海和北京举办了声势浩大的交友见面会，收获颇丰，大大增强了创业信心。同时，她还正式成立了上海花千树信息科技有限公司。随后在新东方教育几位商业大腕的支持下，世纪佳缘的知名度节节攀升，市场效益和客户满意度也水到渠成。这样的事业高度，是龚海燕最初未曾设想的。

通过世纪佳缘，龚海燕也如愿找到了另一半："一个多月后，他就用自行车载着我办理了结婚登记，一共才花了9元钱。朋友们笑我们是老房子着了火，烧得特别快。"

成功后的龚海燕回忆起创办世纪佳缘的初期，坦然地告诉记者："当时没想到会做成这样，我自己是读媒体经营管理的，起初只想借网站练个手艺，同时也给自己和身边的研究生们提供一个平台。"

由此可见，新奇的想法看似简单童稚，却能在不经意间改变命运。追求成功，务必以"唯一"为最高境界。就如周杰伦的歌曲，在乐坛取胜的关键不是才华横溢，而是独树一帜。而另一首歌中所谓"天下第二也挺好"，不过是一句自欺欺人、寻求慰藉的话语罢了。所以，从现在开始就要打破常规，让所有保守和公式都见鬼去吧，请务必坚信：1+1>2！

3. 目标只有一个，别无其他选择

历史课本有一个编写规律：每当介绍完一件大事后，总要分几个要点逐层分析其社会影响和历史意义。从这看似平常的编写方针中，我们可以得出结论：革命取得成功的目标只有一个，但它为国家和人类带来的价值却是多方面的。

由此可见，成功的路径必定是一条无限延伸的直线，没有过于突兀的弯曲，更没有随时终止的可能！

每当观看《动物世界》时，你一定会对生机勃勃的非洲草原心驰神往。说起非洲大草原，便会想到草原上的明星猎手——猎豹。猎豹是世界上奔跑最快的动物，也是非洲草原最出色的猎手，捕猎成功率远高于狮子、鬣狗和花豹等对手。猎豹捕猎技能的高超，不仅在于速度，更在于轻装上阵的冲锋和瞬间封锁所有后路。它只要在羚羊群中选定目标，就会奋勇直前，穷追不舍。尽管沿途会遇到无数近在咫尺、似乎更容易捕获的羚羊，猎豹依然不为所动，只专注追赶最初选定的那只，直到将其追上并捕获。猎豹只盯住一个猎物的做法很有道理：如果中途更换目标，不但会丧失积累已久的爆发力，新的羚羊因为起初未受威胁，逃逸时也不会耗费太多体力。也就是说，重新开始的追逐只会让原本很高的成功概率付诸东流。从这种优雅的大猫身上，我们在成功的起步阶段能学到的，无疑是冲锋的决心和永不回头的毅力。正因为猎豹相信自己的速度和技能，才会义无反顾；因为你相信自己的前途和努力，所以绝不能抱有啃"回头草"的侥幸心理。

同样，现实中的我们要想获得成功，理念上也应遵循这样的原则：将目标压缩成一点，用尽全力喷薄而出，所获得的才是以该点为圆心、半径可以无限延伸的大圆。简言之：目标只有一个，别无选择！朝着一个目标前进，要记住成功总是穿着直线的外衣！

单一化的目标有助于你将所有潜力集中一处，发挥最佳状态，而成功的价值却会呈"面"的形式展开，让你的世界变得精彩纷呈。简化你的目标，只追求心中最渴望的一个结果，反而能在成功后得到"一生二，二生三，三生千万"的意外收获。

2014年，一个22岁的青年进入大众视野。这位青年是位义工，每天靠捡垃圾为生，通过帮助他人寻求快乐。同时，他也是传统文化的弘扬者，堪称社会正能量的传播者，曾多次在各大学校进行公益演讲。由于言辞具有强大的励志效果，深受观众和学生欢迎，大家亲切地称他为"小胡老师"。

提起"小胡老师"，人们无不肃然起敬。然而，几年前当他还叫胡斌时，其顽劣与不可救药程度却远超常人想象。学生时代的胡斌因品行恶劣、出言不逊、打架斗殴等种种劣迹，先后被13所学校开除。16岁时，走投无路的胡斌选择了混迹社会，很快在北京成为有名的混混，整日在灯红酒绿、飙车斗狠中浪荡。几年疯狂"享受"的结果，导致这个本来英俊高大的青年身体几近瘫痪：视力和记忆力严重下降，有时甚至站立不稳。当他去医院检查时，医生叹息道："你这个小伙子怎么连60岁老头的身体都不如？"

古话说："从善如登，从恶如崩。"意思是一个人学坏很容易，回归正途却难上加难。在一般人看来，经过北京几年"光辉岁月"的胡斌已经无可救药。但奇迹偏偏发生在这个即将堕落的青年身上，短短几个月间，他实现了人生的巨大转变！这转变没有自残式的山盟海誓，没有神话般的大彻大悟，只有一个"重新做好人"的单纯愿望。而这个愿望的载体，竟是妈妈推荐给他的一本童蒙经典——《弟子规》。

与丈夫离异多年的胡妈妈把《弟子规》交给胡斌，要求是想从她这里得到生活费，就先要学习《弟子规》的精要。急于走上正道的胡斌开始观看北京某知名企业家讲授的《弟子规》讲座，三天里一动不动地将讲座看完。当读到"身有伤，贻亲忧；德有伤，贻亲羞"时，胡斌很快认识到自己过去的种种错误，下定决心痛改前非，要做一个好人。

胡斌没有学历，没有文化，甚至没有稳定收入，想做好人谈何容易。但胡妈妈告诉他，只要听她的话，一定能做到。她让胡斌彻底放弃北京的生活，回到暂居的石家庄，连北京公寓里的衣物都一并舍弃，彻底断绝过去的执念。在石家庄落脚后，胡斌又听从母亲建议，在学习《弟子规》的同时，去一家养老院当义工。养老院的义工没有工资，没有保险，每天只需照顾老人。急于向善的胡斌在养老院任劳任怨，很快赢得老人们的喜爱。他们把胡斌当成亲孙子，给他买零食、买衣服，许多老人还联系朋友给他推荐工作，有位老人甚至把亲孙女介绍给他做女朋友。

日子久了，仅靠对《弟子规》的执着和无偿义工劳动的坚持，胡斌在几个月里焕然一新。他在国学思想精华的洗礼下，在老人们给予的感动中茁壮成长。后来，他加入传统文化教育志愿者团队，在全国各大德育论坛上讲述自己的故事，偶尔也应邀在中学演讲。在感激母亲教导有方时，他问妈妈是否相信自己会有今天。妈妈说她相信儿子，只是没想到进步会如此之快！

胡斌的愿望仅是悔过自新，目标单一而纯粹。但正是这份单纯的愿望，在最短的时间里成就了他最丰富的价值：他不再渴求物质，老人们却在衣食上关心他；不再追逐美女，却意外获得老人孙女的青睐；学习《弟子规》也并非为求学位，只想慰藉灵魂，却得到了社会文化界和教育领域的双重认可！胡斌的成就，确实值得深思。

目标越简单，努力过程中发挥的力量就越大，成功的可能性也就越高。认准一个目标全力突破，如同武林中的"一阳指"神功，突破单点而摧毁整个强大的敌方势力。反之，目标越多，意味着奋斗过程中的阻力越多，精力就会分散，最终可能一无所获。

"小猴子下山"和伊索寓言中狮子捉鹿的故事都广为人知。前者讲述小猴子摘了玉米换桃子，摘了西瓜换桃子，最后为捉一只小兔子连西瓜也丢了，结果两手空空，无功而返。后者讲述狮子本已捉到兔子，又打起梅花鹿的主意，结果不但没吃到鹿肉，连兔子也在追逐中丢失。两个简单的故事告诉我们：目标太多，就等于毫无目标。这种情况在现实中比比皆是。比如，花心男人因滥情而成为剩男，野心勃勃的企业家因投资项目过多而最终破产，学者若在每个领域都浅尝辄止，难免落下"样样通，样样松"的评价。

非洲民间流传着一个"鬣狗难过岔道口"的故事：鬣狗是非洲仅次于狮子的第二大猛兽，不但群居时可以匹敌狮群，单独面对猎豹、花豹也毫不逊色。但鬣狗更以贪婪和不知足而闻名。有一次，鬣狗遇到一个分岔路口，两条路的远方各有一只正在吃草的羚羊。这时的鬣狗，产生了想要将两只羚羊一网打尽的念头。出于对双重目标的垂涎，鬣狗的左脚走左边的路，右脚走右边的路。随着路途越来越远，分岔越来越大，鬣狗的身体最终被撕裂成两半。

鬣狗不懂得取舍的智慧，最终葬身岔道，这也说明了目标不宜过多的道理。正如老子所言："天下难事，必作于易；天下大事，必作于细。"即便眼前美味珍馐无数，也要一口一口地吃，还要懂得舍弃那些缺乏营养的。现实生活中，人们的事业不成功，往往在于追求太多，以致超过了自己能力和经验的极限。在你的奋斗之旅中，制定的目标数量与收获的价值通常呈反比关系。因为成功总是循着直线前进，所以你必须牢记：目标应当唯一，别无他择。你的目标越是单一，精力和干劲就越充足，收获的价值就越大；反之，目标越是繁多，心态就会趋于浮躁，在贪得无厌和好高骛远中迷失自我，最终一无所获。

4. 狂奔中的人，必刮耳边风！

　　选定目标后，在不可更改的前提下，你便有充分的理由奋力向前，在成功的道路上全速前进。虽然在这个过程中，你可能会承受来自舆论的压力和考验，但若想成功，你完全可以对这些流言蜚语心若止水。这是因为，奔跑中的人，耳边必有疾风！而且你越是全速前进，风力可能越大，但这些都无法撼动你内心的坚定信念。

　　乌龟和兔子约定进行三局两胜的赛跑比赛，许多动物都对乌龟的不自量力嗤之以鼻。但乌龟依然勇于应战。第一局，因为兔子偷懒睡觉，乌龟凭借坚韧的毅力取得胜利；第二局，乌龟以为兔子还会故技重施，犯了经验主义的错误，结果兔子获胜；第三局中，尽管兔子十分努力，却还是输给了始终坚持向前、忍辱负重的乌龟，因为这一局的终点设在小河对岸！当比赛结果揭晓后，所有曾经嘲笑乌龟的动物都惭愧地低下了头。

　　为了测试乌龟的潜力，有人做过这样的实验：将乌龟放在跑步机上，结果发现跑步机速度越快，乌龟前进的速度就越快。人们钦佩乌龟的毅力，难怪它能战胜兔子。但乌龟却自信满满地说：

"别说是兔子，就是希腊神话中的奔跑健将阿喀琉斯，都永远追不上我！"乌龟之所以能跑得如此神速，是因为它的龟壳天生就是为了抵御"耳边风"而存在的！

这些所谓的耳边风，总是千方百计地想将你吹向不同方向，或是别有用心，或是不切实际，或是过分狂妄。但只要你有明确的信念，任凭狂风怒吼，你的方向始终如一！

当你追逐梦想时，有人可能会说你的追求是一种彻头彻尾的实用主义，你大可用自己的行动来回应他们，无需言语辩解，就能让他们哑口无言。

马云创建阿里巴巴后，经过多年奋斗，最终成为中国商界举足轻重的人物。马云财富的快速增长，让无数人将其视为偶像，但同时也招致一些"耳边风"的抨击，认为他只是一个一心追逐金钱的人。2015年，在马云的决策下，阿里巴巴的部分业务迁至北京，此举是为了在中国更多的行业领域中构建一个多元化的生态经济系统。面对这一举措，不少人对阿里巴巴的意图产生疑点，不理解马云的真实动机。他已经如此富有，为什么还要这样不断折腾？

面对这些质疑，马云回顾过往，展望当下，不禁莞尔："16年前很多人没看懂，今天他们看懂了吗？"他随后解释说，自己不仅是一个富有的企业家，更是一个关心国家经济的爱国者。与个人事业相比，他更关注宏观经济和企业家群体的发展。对于那些关于疯狂赚钱的质疑，马云表示："今天我做互联网企业，不是为了挣钱，而是从商业的角度完善社会，这样才有乐趣，才能坚持。如果只是为了挣钱，我早就可以退休十次了。"当《新京报》记者问他，这样远大的理想是否在创建阿里巴巴之初就已经有了，马云思考后回答："那时还没有，当初只是觉得这事挺有意思，做出来能挣点钱也不错，做着做着就做大了。这时社会对你有期待，员工对你也会有期待，这种期待已经超越了对金钱的追求。"

你渴望逆袭时，有人会说你不切实际，眼高手低，根本不配与成功相遇。但你完全可以默默积累每一个微小的成就，当水滴石穿的那一天，你自然能向那些曾经轻视你的人证明："厚积薄发"原来是这样的！

李静是当今互联网领域广为人知的巾帼英雄。她从电视节目跨越到电商领域，直至创立乐蜂网，堪称中国女性中的成功典范。然而据李静自述，她其实是一个"特别笨"的女孩子。小时候爸爸给她零钱让她去小卖部买东西，总会买错。上小学时虽然当上了语文课代表，数学却经常不及格。大学毕业后进入河北省张家口电视台工作，在父母眼中已经算是到达人生巅峰。那时周围的人常对她说："凭你这点姿色还能出镜，有这份电视台的工资就该知足了，还有什么可抱怨的？"

但李静从未满足于这样的成就。乔布斯的一句话始终萦绕在她耳边："你的时间有限，所以不要为别人而活，不要被教条所限，不要活在别人的观念里，不要让别人的意见左右自己内心的想法。最重要的是，勇敢地追随自己的心灵和直觉，只有自己的心灵和直觉才知道你的真实想法，其他一切都是次要的。"

经过一番思想斗争，李静最终突破了周围人对她的偏见和束缚，毅然离开央视，开启了创业征程。从 2000 年成立东方风行传媒文化有限公司，到与汽车巨头李想、王江等人合作，再到创办并发展乐蜂网，李静凭借着自信的心态，打破所有舆论束缚，一路走到今天，取得了常人难以企及的成就。她之所以能够成功，正是因为懂得"为自己而活"。

只要奋力向前，耳边必然生风！面对这些阻力，你只需要一个法宝：尽快奔向终点。就如同西天取经的路上妖怪虽多，但灵山只有一个。他们阻挡不了你，除非你先认输！所以，勇往直前，永不停歇，风愈大，你的脚步愈要坚定！

5. 决心不狠，立足不稳

"不撞南墙不回头"常被用来形容一个人的固执，但这并不意味着必然失败。真正的失败，是在打拼过程中连撞南墙的勇气都不敢有，眼睁睁看着即将到手的成果得而复失，留下终身遗憾。

世间多数失败，并非源于能力不足，而是来自抉择时的优柔寡断。没有决心，成就不了大事业；决心不够，也会大大降低成功的可能。

对每个人而言，在培养坚持性和意志力时，都应谨记一个原则：决心不狠，立足不稳。

决心不够往往有两个原因：一是缺乏自信，二是受制于他人的干扰。

英国学者弗朗西斯·培根说过："灰心生动摇，动摇生失败。"做不成事的关键原因，往往在于自信不足。事实上，真实的自己常常比想象中的强大得多。

大清王朝的奠基者皇太极一生文武兼备。1636 年，他革除后金汗国的称号，建立大清，册封有功的兄弟侄为亲王，以巩固爱新觉罗皇室。皇长子肃亲王豪格不仅有着尊贵的身份，还有卓著的战功和出色的政治才干。然而这位贵胄虽有超群武艺，却未能在长年的权力博弈中锻炼出强大气场。特别是在父皇与岳母发生家族冲突后，豪格屡遭父皇处罚，使得本应趾高气扬的他，反而养成了"性柔"的习性。

1643年皇太极驾崩，由于未能解决继承人问题，一些实力强大的亲王开始蠢蠢欲动。豪格凭借身份、战功、权位本有极大的继位优势，然而皇太极的弟弟睿亲王多尔衮同样战功显赫，政治才能出众，无疑成为豪格的劲敌。在议政王大臣会议的选举中，多尔衮率领的两白旗人马与支持豪格的两黄旗军队剑拔弩张。两黄旗的索尼、鳌拜等人占据兵力优势，代善、济尔哈朗等老辈亲王也倾向于立皇子，形势明显对豪格有利。然而长年的挫折让豪格失去了当机立断的魄力，关键时刻竟显露怯意，最终以"德小福薄、难当大任"为由退出权力角逐，让多尔衮得以趁虚而入。

多尔衮成为摄政王后，为防豪格在朝中势力过大，逐步削弱其权柄，最终导致豪格因受陷害而身陷囹圄。在多尔衮执政期间，豪格什途坎坷。一火与豫亲王多铎交谈时，多铎直言："当初各亲王开会时，本想立你为帝，却因你性情怯弱，错失了绝佳机会。"豪格的失败，并非才干不足，而是源于"性柔"的性格缺陷，没有坚定的决心作为支撑，自然难以成就大业。

"三人成虎"的危害巨大，无论是"谎言重复千遍就会成为真理"，还是民间常说的"舌头底下压死人"，都形象地描述了流言蜚语造成的负面影响。即便你怀有乐观的心态和奋发的斗志，但若周围人都持反对态度，你也可能不知不觉误入歧途，开始质疑自己曾经的想法和行动。

阿里巴巴的创始人马云年轻时也经历过坎坷。他三次高考后才得以进入杭州师范学院，求职时更是被拒绝了不下三十次。在那个年代，"三十而立"的观念根深蒂固。人们普遍认为，男子到了三四十岁还未成家立业，人生就算是完了。但马云的雄心最终战胜了内心的沮丧。在决定创办阿里巴巴时，他找来24个朋友商议，却遭到了23人的反对。在这些朋友看来，并非创意不好，而是他们已习惯看到马云屡战屡败，此时若支持他，无异于疯狂之举。

经过一夜思考，加上一位在银行工作的朋友支持，马云最终顶住重压，坚定地说："即便24个人反对，我也要干。"他认为："其实最大的决心并非源于对互联网的信心，而是我认为做一件事，无论成败，经历本身就是一种成功。你勇于尝试，不行还可以回头；但如果不去做，就像晚上想千条路，早上还是走原路一样。"

阿里巴巴创立后，虽然经历过种种债务危机，让马云长期处于非议的风口浪尖，但如今他在中国乃至世界经济领域的地位和身价已是众所周知。马云将自己的成功归结于野心的驱使。但客观评价，更重要的是他对各种压力的承受能力，能在质疑和否定的轮番冲击中坚守理想，最终走出失败的阴霾，成为中国家喻户晓的经济领袖。

综上所述，要增强意志力，你应该做到以下两点：

第一，相信自己比想象中更优秀。每个人都是潜力股，只要全力以赴，下定决心突破自我，你的表现必定超出预期。每天早晨面对朝阳高喊一声"我是最棒的"，然后以饱满的热情投入工作或学习，争取最好的成绩。

第二，不要被他人的"建议"所困扰。有人说，别人眼中的自己才是真实的自己。这种说法只对了一半，因为它需要一个重要前提：这些评价你的人必须对你有全面的了解。要记住：身边那些对你指指点点的人，大多是生命中的过客，很少有真正了解你的知音。对于他们的否定、嘲讽甚至谴责，不必反驳或还击，但也不要因此动摇失控，反倒中了别有用心者的圈套。所以，无需在意他人不当的"建议"，要相信命运掌握在自己手中，只有自己才能让人生绽放光彩。

6. 越是遭到质疑，越有理由前进

　　为目标全力以赴、永不放弃，说起来容易做起来难。正如那句话所说："前途越是光明，道路也就越是曲折。"前进的道路不会一帆风顺，遭遇挫折与瓶颈时必然会面临质疑和挑战。当越来越多的质疑围绕在身边时，唯一的选择就是继续前进。越是遭到质疑，越要坚定前行！

　　为什么这么说？因为质疑往往来自当前面临的发展瓶颈。瓶颈的出现恰恰说明你的潜力尚未完全发挥，重塑与进步的空间还很大！相反，轻而易举获得的成功，含金量往往有限。如果就此满足，继续上升的可能性也将微乎其微！

　　所以，当瓶颈带来诸多质疑时，不应将其视为单纯的压力，而要转化为继续前进的动力！质疑主要分为两类：一是来自周边环境和舆论的质疑，二是因多次失败而产生的自我质疑。解除外部质疑相对容易，而克服自我质疑则远为困难。

　　解除外部质疑，只需发挥自身优势，用自己的方式做好分内之事，就能轻松突破这些阻碍。

　　陈欧出生于一个教育严格的"官二代"家庭。父母不允许他开空调、睡懒觉，理由是这些习惯"不健康"。虽然陈欧适应了这样的生活，但在同学间却招致质疑，有人认为他被管教过度，有人则觉得他在炫耀"官二代"的优越感。对此，陈欧坦然回应："这对我没有影响，因为我所有东西都是靠自己的。"正因不开空调，他能在严寒酷暑中保持旺盛精力；因不睡懒觉，他得以投入更多时间用于学习和其他有意义的事情。小学毕业时，他以全市第一的成绩考入著名的德阳中学，入学后更是跳级至初二。陈欧用出色的表现证明，自己的优秀并非仅仅依靠"官二代"的光环。

2005 年从新加坡南洋理工大学毕业后，陈欧不愿过吃鱼片米粉、番茄炒蛋的清苦日子。他顶住父母强烈的反对，选择创业而非就业。尽管父母教育严格，对他的"叛逆"多有质疑，但面对已经成年的陈欧也无可奈何。凭借扎实的专业功底、勤奋的研发态度，再加上刘辉、徐小平等好友的鼎力相助，陈欧借助聚美优品平台，完成了从"偶像派"到"实力派"的蜕变。

解除自我质疑则需要更大的努力：不仅要发挥全部潜力，还要逼迫自己成为"超人"。要敢想别人不敢想，敢做别人不敢做，始终坚信"难度越大，成就越大"。不断挑战自我，这样一来，即便现实与梦想有差距，也能将其压缩到最小。

2014 年，29 岁的长沙小伙匡某频繁出现在各大媒体，他想请律师状告父母"不养之罪"。匡某虽然身强力壮、正值壮年，却没有文凭。这种情况下还要父母供养，无疑是典型的啃老行为。但匡哲轩也有自己的苦衷：他从小生活在一个充满质疑和否定的家庭。不论做什么都会遭到父亲批评，即便在外面被欺负，回家还要面对父亲的殴打。母亲虽然对他稍好，却明显偏爱小他两岁的弟弟。匡某在家庭中毫无存在感，十几年来从事过传菜员、理发师、人像模特、玩具厂搬运工等工作，只要能赚钱就干，却总是半途而废。在他看来，老板们总是挑剔他的毛病，稍有差错就扣发工资。

匡某本不是忘恩负义之人，但他的"啃老"行为确实招致媒体嘉宾的反感。经心理专家分析，他对工作缺乏信心的主要原因在于家庭教育的问题。童年时期父亲的打骂否定，母亲对弟弟的偏爱，让他从小形成了"我不行"的观念。每次工作，他都怀疑自己能否坚持下去，一旦老板表示不满，就会因胆怯而离职。在《心理访谈》节目的调解下，匡某"啃老"的根源终于被发现。在律师和专家的鼓励下，他下定决心重返职场，不仅放弃了"状告"父母的念头，也告别了"啃老"生活，开启了新的奋斗征程。

"心生，种种魔生；心灭，种种魔灭。"所有的失败，都源于外界和内心对自身能力与潜质的双重质疑。殊不知正是这些质疑，才是激励我们继续奋斗、永不停歇的动力！战胜这些质疑，就能克服心魔，不断前进，势不可挡！

第四章

改变就在一瞬间

1. 改变中的牺牲品："弱者心态"

要想成功，必须成为强者。成为强者不仅需要提升专业技能，更要从内心深处彻底克服"弱者心态"。当你能够建立信心、保持热情并果断决策，快速付诸行动时，你的实力会不断增强，人脉圈也会越来越广。在这个过程中，唯一需要牺牲的，就是你内心潜藏的"弱者心态"。

虽然弱者值得同情，但具有"弱者心态"的人则不值得怜悯。这类人往往可以用"弱者性格"来形容。

"弱者心态"主要表现在三个方面：

首先，他们认为"我穷我有理，我弱我应该"。他们觉得所有人都应该照顾自己，所有利益都应该优先归自己所有，因为自己能力不足，理应得到照顾。

其次，他们往往情绪化且容易冲动，喜欢发牢骚和抱怨。他们不会反思自身问题，而是将失败归咎于命运不公或时机不成熟。

最后，他们嫉妒心强，无法坦然面对他人的进步，尤其是关系亲密的朋友取得成就时。如果你发现自己符合以上任何一点，那么很遗憾，你就具有"弱者心态"。

举个例子：在职场中，有些员工面对相同的工作任务，总是以能力有限为由请同事帮忙；在聚餐时，明明分量相同，却总要从他人饭盒里夹菜，理由是自己工资低，很少在家做饭；当领导提拔他人而没有选择自己时，就会大发雷霆，抱怨命运不公，并开始诋毁办公室政治。这些都是典型的"弱者心态"表现。

需要注意的是，并非所有具有"弱者心态"的人都真的能力不足。相当一部分人在专业技能上并无欠缺，只是因为心态浮躁而无法充分发挥自己的优势，从而降低了成功的可能性。由此可见，成功不仅仅取决于能力，更与心态密切相关。一旦让"弱者心态"在潜意识中占据主导地位，成功就会离我们越来越远。

因此，在奋斗的过程中，如果你仍有精力去抱怨和发牢骚，就说明你还没有真正付出全部努力。这表明你内心深处的"弱者心态"还未完全清除，也意味着真正的成功可能还需要一段时间才会降临。

要彻底根除"弱者心态"，首要的是：当处于边缘位置时，要努力通过自身的奋斗逐步减少对他人的依赖。即使面对不擅长或不喜欢的事情，也要尝试独立完成。要珍惜每一个小成就，因为这些都是摆脱弱者心态的重要步骤。

喜剧演员宋晓峰的故事就是一个很好的例子。他出身贫寒，年少时不得不外出务工，身上只带着家里给的30元钱。初期，他对黄龙戏产生了浓厚的兴趣，并展现出表演天赋。尽管在黄龙戏班中表现出色，但他为了寻求更大的发展空间，毅然决定转向观众群体更广的二人转。这个决定意味着他必须放弃已有的积累，从零开始学习新的艺术形式。

通过刻苦学习，宋晓峰在二人转领域取得了初步成就，并有幸成为赵本山的第38位弟子，加入了辽宁民间艺术团。然而，在赵本山门下的求学之路并不平坦。由于缺乏背景资源，加上入门较晚等客观因素，他起初只能在《关东大先生》《乡村爱情故事》等作品中担任龙套角色，很难获得师父的特别关注。

面对这样的处境，宋晓峰没有怨天尤人，也没有归咎于同门排挤。相反，他保持积极乐观的态度，认真对待每一次演出机会。他虚心向小沈阳、宋小宝等知名师兄学习经验，同时不断探索和思考，逐渐形成了自己独特的表演风格。最终，凭借着持续不懈的努力，他获得了国家二级演员的资格认证。

宋晓峰的经历告诉我们，克服弱者心态的关键在于：即使处于不利位置，也要主动作为，踏实学习，珍惜每个提升自己的机会。与其抱怨环境不公，不如专注于提升自身实力。只要持之以恒，终会收获属于自己的成功。

尽管到2012年宋晓峰仍未获得主角机会，但凭借乐观豁达的心态，他将《乡村爱情故事》中保安队长这个配角演绎得活灵活现，不仅引得观众捧腹大笑，也吸引了媒体关注。他是辽宁民间艺术团中首个凭实力获得公众认可的演员。2015年，在《欢乐喜剧人》中，他虽多以助演身份出现，表现却丝毫不逊于主演，令师兄杨树林由衷感慨："宋晓峰是我们团队中非常优秀，也非常值得尊敬的人。"他虽然演技不及宋小宝，知名度不如小沈阳，却以积极向上、谦虚进取、乐于奉献而闻名。正是这种积极的心态，让他专注于提升演技，稳扎稳打规划人生，最终成为深受观众喜爱的喜剧演员。

第二，培养阳光心态，保持平和，做情绪的主人，减少负面情绪对周围环境的影响。

美国企业家西德尼·金摩 17 岁时在纽约琼斯服装公司担任货运管理员。尽管工作辛苦，常遭客户责骂，他却始终保持平和，不卑不亢。有些同事认为他过于善良，甚至想加以利用。不论是替车工拉车，还是帮秘书写文件，他都欣然应允。即使新人求助，他也从不推辞。

正是这种平和的心态成就了金摩的未来。一次忙于帮助同事时，他的表现引起了公司董事长的注意。董事长被他的谦和品格打动，将他调到董事局负责清洁工作。虽然工作依旧辛苦，但他始终保持积极态度。

1989 年美国经济危机时，琼斯服装总裁迈克尔·泰勒因压力过大离世。在寻找继任者时，董事们一致认为在危机时期需要一位心智坚韧、沉稳务实的领导者。大家不约而同想到了始终保持平和的金摩。就这样，这位朴实的清洁工人凭借多年来的踏实工作和良好心态，成了琼斯服装的总裁，年薪达数千万美元。

第三，减少无意义的社交活动，将时间投入到健身和读书中，在静思中培养平和心态，在学习中积累实力。健美专家拉扎尔·安格洛夫说："要么读书，要么健身。"读书能平静内心，就像汉末文化名士孔融，城池被围七天七夜仍能沉着阅读应对；健身则能提升气质，增强体魄，培养沉稳性格。这两项看似平常的活动，对于建立积极心态却有着深远影响。

克服消极心态，方能永不言败。今天的起点再低，也不妨碍明天的成功。一个人可以暂时一无所有，但绝不能甘于平庸！只要保持勤奋和自信，弱者也能成为强者；反之，如果满足于消极的生活态度，人生就会失去光彩和希望。

2. 只有放弃过去的模式，才能收获崭新的结局

在追求成功的漫长道路上，"与时俱进"始终萦绕在追求进步者的脑海中。紧跟时代潮流和规律变化，审视过去的成就与不足，无疑是通往成功的必经之路。因为真理只有一个：只有摒弃过去的模式，才能获得全新的成果。

有些人喜欢以前辈自居，借资历来嘲讽年轻后进者的进取心；有些人则认为"吃螃蟹"是世上最伟大的事，却不知"先锋"的价值在于对传统的突破，而非仅仅对未来的空想。这两种错误观念的根源，都在于过分迷信传统威望，从而忽视了"今胜于昔"的道理。他们看不清未来形势的变化，甚至无法认识到自己每况愈下、行将崩溃的现实。

破除传统，拥抱未来，在理念上占得先机，你就具备了成功的主观条件，理由如下：

首先，用过去的模式和执行方法，只能得到过去的结果。如果昨天失败了，主要原因可能在于观念陈旧。用陈旧的观念来解决新问题，即使付出十倍努力，也难以摆脱失败者的命运。因此有人说："做事太老套，迟早要吃亏。"

有个寓言故事很好地说明了墨守成规的荒谬：一位驴先生开了家饭馆，虽然它勤劳能干，独自担任厨师和服务员，但因为思维守旧，总是用老经验行事，在顾客面前闹出了许多笑话。

第一位顾客是白马，驴先生见它衣着光鲜，认定是"白富美"出身，便以为它爱吃荤腥，特意准备了一盘精肉，谁知白马只爱吃青草。

第二位顾客是仙鹤，驴先生见它仙风道骨，便断定它只吃素斋，为它准备了一盘素食，不料仙鹤只想吃鱼。

第三位顾客是大鹅，驴先生一眼认定它与仙鹤是"孪生姐妹"，便照例上了一盘鲜鱼，却不知大鹅恰恰是素食者。

第四位顾客是黄鼠狼，驴先生见状笑道："黄鼠狼给鸡拜年，不安好心"，既然是黄大仙下凡，自然用烧鸡招待。但黄鼠狼眉头一皱说："我平日最爱吃老鼠，只有捉不到老鼠时，才吃些鸡。"

没过多久，驴先生的饭店就倒闭了，因为它始终困在经验主义的怪圈里，难以自拔。

其次，社会在不断发展，形势瞬息万变，即便是过去行之有效的方案，到了今天，可能也只是徒有其表。经验主义就像一颗定时炸弹，随时可能让事业毁于一旦。这种谬误思想的可怕之处在于，它会让一个人转瞬间从正面角色沦为反面人物：昨天的先驱者，往往成为今天的顽固派；而今天的卫道士，也可能变成明天的绊脚石。

若问恐龙时代之后，哪种食肉猛兽堪比霸王龙的威势，答案无疑是冰河时代的剑齿虎。剑齿虎家族在地球上繁衍了两百多万年，超过了几乎所有现代大型猫科动物的生存年代。然而到了一万年前的晚更新世，这种强大凶猛的猫科动物却突然衰落，最终完全灭绝。这确实值得我们深思。

剑齿虎种类繁多，按照犬齿类型可分为四种：一是锯齿虎，二是巨颏虎，三是如同霸王龙、鲨鱼般利齿的刃齿虎，四是短剑剑齿虎。尽管犬齿形状各异，但所有剑齿虎都以锋利的犬齿为捕猎工具，撕裂象、犀、野牛等大型动物的厚皮。两百万年来，大型食草动物无不畏惧剑齿虎的威猛，其他食肉动物见了它们，也只能望而却步。

可惜到了中新世之后，环境变化导致热带雨林逐渐被草原取代，植物性食物的匮乏使得猛犸象、披毛犀、后弓兽、巨足驼等大型食草动物相继灭绝。取而代之的是羚羊、小鹿、野马等灵活敏捷的中小型动物。剑齿虎的优势在于捕猎大型食草动物，这一变化顿时使它们失去了稳定的食物来源。而曾经的进化优势，反而让它们陷入了生存的死胡同。由于无法及时改变捕猎技能，对付不了这些敏捷的小型动物，这些曾经不可一世的猛兽在经历了数百万年的辉煌后，很快就销声匿迹。可以说，过于满足于既有成功，丧失了适应环境变化的能力，是剑齿虎迅速灭绝的根本原因。

第三，当今社会励志主题泛滥，导致一些成功者备受追捧。"一个马云倒下去，千万个马云站起来"，人们为了致富，纷纷效仿马云的发展路径，聆听他的经验之谈，却忘记了即便是马云的成功，也是"时势造英雄"的产物。一味照搬他人经验，终究难以成功。

魏晋时期的名士王朗十分赏识同时代的华歆才能，常在各方面推崇华歆的才华。无论华歆做什么，王朗都照搬效仿。例如华歆在寒食节召集家族子弟设宴饮酒，王朗也跟着这样做。后来同时代的学者张华得知此事，感叹道："王朗学习华歆，只学到了表面形式。难怪他的才学与华歆的差距越来越大。"

无论是过去成功的经验，还是失败的教训，乃至他人当下成功的做法，完全照搬照抄都无助于自我提升和进步。这再次印证了"穷则变，变则通"的真谛。

如果要突破传统束缚，真正把经验转化为己用，你需要掌握三种能力：

首先，当屡战屡败的局面无法改观时，你必须进行全方位反思，彻底清除旧有思维，以全新的思路投入新的状态，从零开始，即便暂时落后，也要坚持到底。

美国有一家食品公司，主营牛奶和面包。在消费者眼中，该公司的牛奶因质优价廉而广受欢迎，订户不断增多，利润持续增长。然而同样品质出色的面包，却难以打开市场。有人建议老板扩大广告宣传，认为这是推广产品的最佳方式。老板采纳了建议，但面包销量依然未见起色。经过深思熟虑，老板想到了新思路：既然公司的牛奶深受顾客欢迎，何不将面包与牛奶的营销结合起来？

于是，他让人设计了精美的宣传卡片，上面印有牛奶和面包的品名、价格和款式，背面则用于记录顾客需求的品种和数量。此后，公司员工每天送牛奶时都把卡片挂在奶瓶上，第二天收回奶瓶时一并取回卡片。到第三天，面包订单就源源不断地涌来，利润逐渐赶上了牛奶。原来，在此之前，许多顾客都要自己上街买面包，既费时又费力，还影响面包的新鲜程度。而借助牛奶的市场效应实现面包上门销售，加上价格优势，使公司的面包销量稳步提升，既扩大了销路，增加了利润，又为顾客提供了便利。更重要的是，这位老板打破了传统广告宣传的思维定式，通过创新方式解决了面包营销难题，值得借鉴。

其次，"八小时内求生存，八小时外谋发展"，你不能只依赖工作时间内掌握的技能。在保持现有技能的基础上，应当利用工作之外的时间培养新的能力，以便在瞬息万变的就业市场中随时调整人生规划，全面适应外部环境。

被誉为"诗人保安"的王丁强，虽然早年从事安保工作，但从小热爱文学创作的他始终坚持对文字的钻研。成家后，为了养家糊口，他不得不每天加班加点工作超过 10 小时。虽然工资增加了，但创作时间却被大大压缩。尽管王丁强很顾家，但他觉得一直做着单调的工作不利于个人能力的提升。经过深思熟虑，他决定辞去原工作，到苏州大学当保安。在大学校园工作不仅时间更加灵活，还有了便利的学习机会。他在工作之余经常往返于图书馆，广泛阅读古今中外诗歌和歌词作品，并抓住机会请教文学院教授们点评自己的作品。

日积月累，王丁强的创作水平显著提高，他的学习精神也感动了整个苏州大学。在出版了人生的第一部诗集后，他在文艺圈渐有名气，获得了"诗人保安"的美誉。随着在文学领域的成就越发丰硕，他逐渐告别了保安工作，先后在湖南郴州、河南安阳担任作家协会会员，如今在《演讲与口才》杂志社担任撰稿记者和文字编辑。在兴趣的驱动下，他的职业生涯实现了质的飞跃。

　　最后，即便身边有成功人士，盲目效仿他们的经验往往是徒劳的。因为不论成功还是失败，都有其特殊原因。一套行之有效的发展理念，只有在自己身上实践才能验证其效果。就如鞋子合不合脚，只有穿在自己脚上才知道。因此，要在追求成功的道路上开辟属于自己的方向，才不至于重蹈东施效颦、邯郸学步的覆辙。

　　2016 年，万达集团创始人王健林成为全国首富。王健林的成功与他对读书的热爱密不可分，从中培养了丰富的知识素养。在公司办公时，他常向员工推荐经济类和传统国学类书籍，但对市面上畅销的成功励志类书籍却持怀疑态度。他在演讲中坦言："我经常讲，千万别信那些成功学书籍，什么成功一百条、制胜三十招，都是瞎忽悠，千万别信，包括我讲的，你们就听听精神。"他认为，每个人的成功都有其独特的原因和历程，盲目从他人的成功学教材中寻找捷径，注定是徒劳无功。

　　近年来，随着王健林事业的蒸蒸日上，一些奋斗中的企业家开始效仿他的做法。这种现象不但没有令王健林感到自豪，反而让他深感忧虑。他多次呼吁"大家千万不要把我当成教材来学习"，并明确表示："如果成功的模式靠一本书、靠别人给你指点一下就能实现，那这个社会上就不会有失败的人，全都是成功者了。"王健林在事业登峰造极之际仍保持谦逊态度，令人敬佩。他的谦虚之中，深刻指出了一味模仿他人成功经验的荒谬性，道出了人必须自主探索发展道路的真谛。

　　传统日积月累，终成经典；但经典充其量是一种品牌，一种积淀，不能视为金科玉律，更非绝对权威。突破传统，正是开创未来的关键。过去的模式，即便曾经成功，也仅代表过去的成就。因此，固守过去的经验模式，无论是成功还是失败的经验，最终都可能功亏一篑。由此我们可以达成共识：要经常为自己的经验做减法，摆脱传统桎梏，汲取创新养分，你才能从昙花一现的过江之鲫，成长为生机勃勃的常青树。

3. 没有"变"，如同失去生命

《周易》云："穷则变，变则通，通则久。"由此可见，"变"是发展、成功、再发展、再成功的源泉。反之，缺乏"变"，犹如失去生命。

在追求成功的道路上，必须具备随时求"变"的精神。这种求"变"精神，本质上就是与时俱进的创新精神。没有"变"，意味着生命的消逝，要么无法成功，即便暂获成功，也会昙花一现，迅速归于沉寂。

亨利·福特创建的汽车公司在美国拥有百年历史。他虽因创业成功而建立了一个伟大企业，却在发展过程中因满足于既有成就而陷入守旧的困境，几乎毁掉了这个亲手缔造的企业。福特晚年时虽精力充沛，但在管理方面仍延续着19世纪的家族式管理模式。在公司里，他如同皇帝般独断专行，不仅所有决策由他一人主导，还在这种僵化的发展理念下滋生出任人唯亲的弊端。公司500多名高级职员中没有一名大学生，都与福特家族有着亲缘关系。

除了管理陈旧，福特公司的厂房设备也未能及时更新换代，技术停滞不前影响了产品质量；财务报表沿用早期模式，导致资金周转缓慢，甚至连预算和决算流程也未能与时俱进。在种种因循守旧的影响下，产品质量出现严重问题。例如 T 型汽车从问世到停产的 19 年间，虽然初期销量可观，但始终未考虑产品多元化的战略转型。到 1928 年，福特失去了世界汽车销量冠军的位置。到 1940 年，公司产品在美国汽车市场的占有率从 1929 年的 31.3% 跌至 18.9%。福特汽车的这段历史困境，都源于对"变"的漠视。

在"变"的引领下，即便从事陈旧行业，只要注入新思想和新技术，依然可能创造奇迹，实现逆袭。

互联网时代来临前，纸质媒体一直是文化市场的重要载体。报纸、期刊、杂志和图书不仅滋养着人们的精神世界，也为文化公司带来可观的利润和良好声誉。然而面对互联网冲击，许多报业公司很快一蹶不振。但一些具有远见的报业人士，在与时俱进的求"变"思想指引下，实现了企业和产品的成功转型，至今仍保持着良好发展态势。美国《华尔街日报》就是典型代表。

《华尔街日报》在 20 世纪 90 年代初就意识到了时代变迁带来的危机，率先开启了向新媒体转型的探索。1993 年，该报推出首个电子互动版，开创了报网融合的先河。三年后，报社创立了以网络为平台的新型新闻传播方式——"华尔街日报在线"，标志着第二代纸媒网络版的诞生。

21 世纪相继迎来互联网时代和智能手机时代，传统纸质媒体的优势在短短十余年内迅速消退，众多报业公司失去往日荣光，甚至宣告倒闭。但始终追求创新、高瞻远瞩的《华尔街日报》因未雨绸缪而经受住了两大挑战。2004 年，手机新闻应用技术成为美国媒体领域的新宠。《华尔街日报》及时把握这一技术优势，在坚持原创精神和质量至上等理念的同时推进内容革新，使其在读者心中的地位依然稳固，市场销量得以维持。

世界上唯一不变的，就是"变"。正如梁启超所说："法者，天下之公器也；变者，天下之公理也。"自然界的生物，若满足于过去的辉煌而不求变革，终将成为生命长河中的历史尘埃，不可避免地走向灭绝；职场中的精英，若只固守传统思维模式和技术手段，得到的仍是失败的重演；企业的经营者们，若目光短浅，缺乏格局和远见，也会因产品质量、管理模式及服务水平的落后，在市场规律的无情淘汰下，最终面临倒闭或被收购的命运。

4. 好的反思，是改变的一半

渴望成功，人人皆然，但真正获得成功的，终究只是少数。总体而言，成功的原因和过程大致相似，而失败的原因却千差万别。基于这种认识，我们可以得出结论：当你想摆脱失败的阴影，重获明天的希望时，首要之务不是立即重新出发，而是深入反思失败的具体原因。毕竟，始终不能成功，往往源于始终不愿反思。

好的开始是成功的一半，而好的反思则是改变的一半！

古人讲究"吾日三省吾身"，强调反思的重要性。在漫长的事业历程中，挫折与失败在所难免。但战胜挫折，扭转颓势，关键在于对症下药。有人心理脆弱，在挫折面前不堪一击，很快选择放弃；更多的人虽然坚持不懈，却忽视了对失败原因的思考。结果即便付出百倍努力，用相同的思维模式只能得到相同的结果，甚至投入越多，受到的打击也越严重。

反思是一门学问。面对失败，首先要做的不是寻找客观借口，更不是自怨自艾，而是细致分析失败原因，在原因中发现问题，及时改正解决，深信"不可胜在己，可胜在敌"的道理。

卧薪尝胆的故事流传千古，越王勾践就是善于自我批评与反省的典范。他虽被吴王夫差打败，国破家亡，不得不臣服于夫差。但面对失败，勾践不仅礼贤下士、忍辱负重，更重要的是以君王之身对自己进行全方位的检讨与改进。从此，他在为君之道上彻底革新：以"卧薪尝胆"的自我反思为前提，逐步改变过去错误的治国理念，从重战争转向重民生，摒弃谄臣而用贤士，十年生聚，十年教训。勾践在痛苦与屈辱的磨砺下重新崛起，草褥与苦胆的磨炼让他失去了优渥生活，却赢得了扭转乾坤的机会。最终大败吴王，重夺江南霸主的地位。

勾践因自省而得到历史的褒扬，而同为君王的明末崇祯帝却与之形成鲜明对比。虽同样年轻有为，同样勤政节俭，却缺乏自省的决心与动力。他刚愎自用，坚决反对与辽东议和；他生性多疑，以酷刑对待袁崇焕等善战将领，频繁更换内阁大臣；他又轻视农民军队，结果反被农民领袖李自成所败。经历无数挫折与失败后，他选择了自缢，与中兴大业一同覆灭，临终遗诏中仍呼"群臣误朕"，对自身能力的局限毫无反省。崇祯帝的付出与结果之间的巨大反差，虽引发后人同情，但在他17年的执政生涯中，虽铲除了魏忠贤一党，却未能根除以宦官为代表的腐朽政治体制，仍以老套的治国方式任用新一批宦官和酷吏，王朝复兴终成空想。当我们了解到这位年轻皇帝不知反省、一味推卸责任的作风时，大明王朝终结于他之手，似乎也在情理之中。

其次，反思过程需要更多理性思考，尽量避免情绪化因素的干扰，全面把握事物全局，以便在最短的调整时间内，最有效地改善不利局面。

著名短篇小说大师马克·吐温的创作才华不亚于莫泊桑、

欧·亨利等世界文学巨匠。在依靠创作成名后，众多读者争相购买他的作品。在为出版界创造丰厚利润的同时，他也萌生了靠才智致富的想法。于是他决定策划一次集写作、出版、销售于一体的"一条龙"经营模式，希望通过自产自销在两年内成为百万富翁。然而两年过去，由于缺乏出版经验，他不仅未能实现百万富翁的梦想，反而几乎荒废了写作功底。经过深思熟虑，他意识到自己并无经商才能，写作才是最大优势。于是他幡然醒悟，放弃商业出版，重返创作之路，并坚持不懈，最终功成名就。

回顾这段弯路，马克·吐温感慨万千。他常说："不能把鸡蛋都放在同一个篮子里。"他当初的错误在于对财富抱有过度亢奋的心理，导致急于求成，虽然执行力强，却很快因能力短板使美好计划归于失败。理想固然美好，但脚踏实地更是成功的关键。马克·吐温在理性反思中勇于承认失败，没有一意孤行，最终保住了短篇小说之王的地位。

最后，即便在转败为胜之后，也要深入思考胜利中的不足，仔细梳理其中的局限和漏洞，以期在未来取得更大的成功。

二战后，作为战胜国的英国皇家空军没有被胜利冲昏头脑，反而更加重视战时人员伤亡情况，随后开始统计战争伤亡人数。令军方震惊的是，真正死于德军炮火下的空军战士数量并不多，更多战士是在和平时期因飞行操作失误而牺牲。特别是在每场胜仗之后，许多本不该牺牲的战士，竟在飞机意外故障中丧生。

这些令人惋惜的损失引发深思。英国皇家空军是二战盟军的中坚力量，尤其在不列颠空战中让德国法西斯损失了40%的空军主力。这些英勇的战士不惧强敌，却在看似安全的环境中丧命。

心理学家对此有独特见解，认为事故源于"虚假安全感"的心理。作战时人们紧张谨慎，经验丰富者往往能够凯旋，而胜利归来时却容易产生"难以抑制的放松倾向"，导致不该发生的悲剧。这一发现公布后，全军上下没有沉浸在胜利的喜悦中，反而更加注重战后国防安全和警惕意识，这保障了英国国际威望的相对稳定。虽然失去了世界霸主地位，但在警觉和反省中自强不息，仍保持着世界大国的地位。而皇家空军至今仍是世界军事格局中不容忽视的强大力量。

对追求成功的人而言，反思是终身必修的功课。正如《孙子兵法》所言："夫未战而庙算胜者，得算多也；未战而庙算不胜者，得算少也。多算胜，少算不胜，而况于无算乎！吾以此观之，胜负见矣。"一个"算"字，深刻揭示了反思的重要性。胜利时，要反思其中的不足；失败时，更需探究其中的原因。总之，不成功往往源于不反思。工作之余，不妨培养思考的习惯。思考能让休憩更有意义，也能为繁忙的工作提供助力。

5. 变的实质，就是把苦难重塑为资本的过程

过去经历的苦难，都可以成为今天和未来的财富。而将昨日苦难转化为今日资本的关键，在于对自我的全方位"变革"。在奋斗过程中，失败越多，一旦时运转折，这些失败的苦楚，经过不懈的反思和调整，"变革"就会逐渐发挥作用。当苦尽甘来之时，苦难便会化为甜果。因此，变革的本质，就是将苦难重塑为财富的过程。

衡量你是否真正实现"变革"，关键在于是否仍对过去的挫折或不堪回首的经历耿耿于怀。真正功成名就者，从不忌讳谈论昨日的挫折。如果你对过去仍有解不开的心结，说明你当前的成功还未达到理想高度，你的潜力尚未完全发挥。

著名喜剧演员潘长江在 2013 年参演电视剧《武松》，饰演武松的哥哥武大郎。潘长江身材矮小，与武大郎一角极为相符。但他曾透露：早年发展时，因身材与武大郎相仿而遭人嘲笑，这成了他心中挥之不去的结。他说："我对武大郎这个角色很排斥。当年就有人说我是武大郎的身材。因此不管谁找我，我都不演，觉得是在贬低自己。我记得至少拒绝过三次。"

随着潘长江在小品、电影和电视剧中的成就日渐提升，他的身材反而成为赢得观众喜爱的特点，他自己也逐渐认同了"浓缩的都是精华"这一说法。声名日隆，成就渐高，让他不再为身材烦恼。他不仅在《武松》中完美诠释了武大郎一角，在后来的《大年初一立春》《双喜盈门》等作品中，也常以武大郎等矮小身材的笑点被调侃，引发观众的欢笑与赞赏。媒体称潘长江能够"克服心魔终演武大郎"，是"满足观众夙愿"的体现。在更多人看来，他摆脱"武大郎"心结的困扰，不是自我贬低，而是赢得尊重的途径，也是其喜剧演员生涯的重要突破。

既然认识到这个道理，你就应该清醒地意识到：在艰苦奋斗中，失败和瓶颈不应成为放弃和懈怠的借口，反而应是不断进取的动力。

2009 年，中央电视台《百家讲坛》迎来一位讲授孟子智慧的教授，这就是大器晚成的国学大师傅佩荣先生。虽然他的才华和学识今天享誉全球，但这样的成就，恰恰源于他童年那段令人心碎的"磨砺"经历。

傅佩荣幼年有口吃，因此常遭同学和周围人嘲笑。这个缺陷不仅给他带来巨大的心理压力，也影响了他的发展。为了突破这一瓶颈，完善自我，他经过多年练习，最终克服了这一缺陷，甚至成了一位出色的演讲家。

如今的傅佩荣，对往日经历虽记忆犹新，却已无半点"苦大仇深"之感。在他看来，正是当初的口吃缺陷促使自己不断突破，才造就了今日的成就。在一次节目访谈中，尽管烈日炎炎且没有麦克风，傅佩荣仍身着厚重西装，对观众进行近乎"喊话"的演讲。

他的敬业精神深深打动了在场观众。当有人问他为何如此投入每场演说，即便在条件不佳的情况下，他再次坦诚分享了童年经历："曾经的口吃经历让我对自己有两点要求：一、我终生不会嘲笑他人，因为我曾被人嘲笑，深知其中滋味，这让我没有优越感。二、我格外珍惜每次说话的机会，因为曾经不能流畅表达，所以现在有机会发言时，我都会倍加珍惜。"傅佩荣不但不回避过往的窘事，反而坦然讲述，这足以证明他早已将昔日的苦难转化为成功的资本。

每个人的一生，苦与乐的比例往往是平衡的。今天承受的苦难越多，只要无怨无悔地继续前进，明天必将获得更多回报。反之，若因现有成就而自满骄傲，明天的失败可能会更加惨重。这也解释了为何真正成功的人往往是"大器晚成"者，而"年少得志大不幸""早熟者长大后往往不成熟"的说法越来越得到认同。

台湾华语乐坛创作歌手周华健在横跨华语歌坛 30 年间始终保持着"阳光游子"的形象，背后却蕴含着无数辛酸。音乐生涯起步历经波折，发行的专辑未获认可，只能在大型餐厅做一份收入不菲却前途有限的驻场歌手。若非声名日盛的李宗盛偶然造访他驻唱的餐厅，他的音乐梦想或许还要推迟数年。但自《心的方向》专辑问世后，在李宗盛、罗大佑等前辈的指导下，周华健的音乐才华日益精进，在华语乐坛的声誉经过岁月沉淀，形成了深厚积淀。他也因此赢得"阳光游子"的美誉。当人们谈及他成名前的经历时，他常以自嘲的方式讲述往日的不快。他的笑容中透露出无比自信，仿佛一切苦难都已烟消云散，如今看来确实微不足道。他的阳光温暖着歌迷；他的豁达，也堪称用今日的成功化解昨日苦难的典范。

　　既然变革的本质是将苦难转化为财富的过程，那么我们不妨在闲暇时做个简单的心理测试：回顾并记录过往的失败与挫折，看看哪些是现在的你能够坦然面对、毫无忌惮地谈论的。当那些不再令你羞于启齿的经历占据相当比例时，从心态角度而言，你就已经真正获得了成功！

6. 出丑才会成长，成长必须出丑

失败是成功之母，这是众所周知的道理，特别是对于许多成功人士而言，他们在职业生涯的首次尝试往往以失败告终。然而，鲜少有人意识到：出丑越早，征兆越好。因为失败越早降临，求"变"的契机就来得越快。总之，出丑才能成长，成长必经出丑，因为只有这样，你才会蜕变。

网络上的心灵鸡汤常常告诉我们："即便跌倒，也要豪迈地笑。"但这仅是一种善意的安慰，并未揭示"为出丑而大笑"的本质原因。正如俄罗斯总统普京所言："一个人如果对任何事情都称心如意，那么他一定是个白痴。任何成功者，都有一段不那么圆满的经历。"这种不那么圆满"通常发生在事业起步阶段。在这个过程中，你会为改变现状而开辟新路，用不同于常人的方式，走出一条属于自己的成功之路。

失败是成功之母，出丑是求"变"之祖！

出丑本身并不可怕，可怕的是它会动摇你的斗志。当初次尝试遭遇挫折时，你反而更应坚定对未来的信念：或许这才是真正适合你的领域。那些一触即通的事物，反而可能意味着兴趣和发展空间的局限，最终不利于你的持续提升和长远发展。

演讲虽是一门学问，正如那句名言所说："是人才的未必有口才，有口才的一定是人才。"谈到演讲研究专家，很多人会想到美国的戴尔·卡耐基。他曾为无数人指导公众演讲，同时也见证过许多成功演讲者的首次经历：失败！

卡耐基在《演讲的艺术》中明确告诫读者："不要认为你的经历特别，即使是同时代的佼佼者，在演讲生涯初期，也同样被恐惧与紧张折磨过。"他列举了老兵布莱恩、作家马克·吐温和英国政治家劳合·乔治等诸多名人的首次演讲，分别以"两膝颤抖""像失控的汽车""舌头打结"而告终。基于这种认识，卡耐基甚至断言："在回顾众多演讲者的成长历程后，每当看到学员初次演讲时紧张、焦虑不安，我总是感到欣慰。"

由此可见，凡是"吃螃蟹"的人，总会有"中毒"的时候。坦然面对初次体验中的失败，细心总结反思，调整奋斗方式，摒除不利因素，经过反复试验，东山再起便指日可待。

普京年少时立志成为克格勃特工，为此努力多次。他首次造访克格勃时还是个学生。面对那些老成持重的军官，小普京大胆表露心迹："我想在这里工作。"不出所料，这些军官带着戏谑的神情将这个不知天高地厚的少年请出门外。几年后，普京再次前来表达心愿，虽然依然未能如愿，但当天值班的尼古拉·叶戈罗维奇被这孩子的诚意打动，告诉他进入克格勃需要具备的条件，如服兵役经历或法律专业背景等。

虽然这次又与梦想失之交臂，这无疑是普京人生中一段灰头土脸的"出丑"经历。但在前辈指明方向后，他获得了充足的进取动力。两次拜访克格勃之后，普京开始改掉过去调皮捣蛋、不专心学习、不尊重老师的恶习，决定以全新姿态面对学业。

此后的普京判若两人，变得规矩听话，直到九年级才姗姗来迟地戴上红领巾（按苏联教育惯例，学生六年级就可佩戴），成为一名晚熟的"少先队员"。在学习上，他的选择更加明确：继续保持对摔跤、柔道等体育项目的热爱，同时重点攻读俄语、文学、历史、政治等学科，对与克格勃关系不大的物理、化学、美术等科目则悉数舍弃，甚至婉拒了柔道教练免试保送技校深造的好意。经过努力，他最终考入圣彼得堡国立大学法律系，在恩师索布恰克的悉心指导下学有所成，最终以优异成绩如愿进入克格勃，成为苏联军统部门的一名特工。

当你满怀雄心步入事业征途却遭遇挫折时，必须以坚韧的内心持续奋斗，挺过清晨的狂风暴雨，坚持到正午，就能沐浴灿烂阳光。出丑来得早，成功就更精巧。那么，当发现自己已然"出丑"后，需要做好哪些"变"的工作呢？

首先是积极实现自身的"内变"，即在"出丑"之后重塑整体形象，摒弃阻碍成长的局限和累赘，不断发掘潜在优势，以崭新的自我迎接新的任务和挑战。

其次，你需要审时度势做好"外变"的工作，净化所处环境，若"出丑"困扰太久，甚至可以选择一个更适合发展的新环境。

任正非在南海石油集团下属电子公司任经理时，因缺乏理财经验，在中年时期遭遇了史无前例的尴尬：被一家不法公司骗取200万巨款！他不得不离开南海石油集团，寻找新的出路。在事业跌入低谷后，前妻孟氏离他而去，他只能与父母挤在狭小的房屋中，过起"蜗居"生活。然而这次"空前绝后"的"出丑"反而成就了他后来的辉煌。经此变故，任正非认识到打工始终不如创业，且在 20 世纪末期市场环境混乱的年代，作为"军商"的他有责任推动改变和优化。于是他与 5 位商界伙伴合作，众筹 2 万元创办了"华为"公司，寓意"中华有为"。虽然华为创立初期近乎饥不择食，除基本贸易业务外，只要能赚钱就做，甚至涉足减肥药、火灾报警器等领域。但随着任正非经验日渐丰富，战略愈发精准，华为在国内外通信市场屡创佳绩，如今已成为世界顶级的跨国公司。任正非的成功，正是从他在南洋石油集团的"出丑"开始起步的。

出丑才能成长，成长必经出丑，二者之间必以"变"为桥梁。出丑越早，挫折越猛，我们反而更应充满信心：因为它们若来得太晚，反而意味着我们求变的步伐会更加迟缓。所以，请坚信：改变只在一瞬间，成功就在转眼间。而改变的契机，往往就在出丑后的刹那！

第五章

专业就是制造差距

1."专业"：千万种成功的根本

苏东坡年少时勤奋好学，自认为已"读书破万卷"，达到"下笔如有神"的境界已不成问题。他在书房大门上傲然题写一副对联："识尽天下字，读遍人间书"，以此炫耀自己的学习成果。不久，一位老人特意前来拜访这位少年才子，并向苏东坡递交了许多书卷。这些书卷中记载的诗词歌赋和历史典故，却让苏东坡顿时傻眼了。原来在老人带来的这些文献资料里，有许多都是他从未读过的，其中一些生僻字词，他甚至连见都没见过。

这次经历让苏东坡认识到自己的学识才艺还远远不够，于是他在门前对联的上下联前各增加了两个字，改为："发奋识尽天下字，立志读遍人间书"。此后，苏东坡的学业大有进步。虽然成年后仕途坎坷，但他从未放弃学习，最终成长为一代精通琴棋书画的"全才"，在北宋晚期的文化沃土中茁壮成长。

现代社会提供了多元化的就业渠道，大学生可以根据自己的特长和兴趣选择不同行业，如公务员、教师、编辑、销售、程序员等。表面看来，当代大学生比古代文人幸福得多，"怀才不遇"的情况应该会逐渐减少，直至消失。然而，残酷的现实却是：即便就业选择如此繁多，大学生就业依然是一个"老大难"问题，甚至到了难以解决的地步。

仔细分析，社会因素只是造成这一现象的次要原因，最根本的问题在于大学生们自身的实力还没有达到"专业"的水平。殊不知，"专业"才是各种成功的根本！

这个问题不仅存在于大学生群体中，许多在职的中青年工作者在岗位上也会感到郁郁不得志或工作乏味，这往往是因为与"专业"失之交臂。

"专业"不足并不仅仅是指大学生所学专业与个人禀赋不符，更重要的是在学习或工作期间，没有将问题钻研至"斩草除根"的程度，而是满足于表面的进步，导致"学艺不精"的现实掩盖了"怀才不遇"的假象。正是由于"专业"能力的不足，才导致种种失败接踵而至。

不够"专业"主要体现在以下两个方面：

第一，在工作中过分重视外在技术或形式层面的华丽，而内容却粗糙不堪，以致工作进展如昙花一现。许多人在事业起步阶段取得一定成效后，突然陷入停滞。如果你也有类似经历，就应该反思：自己在内涵方面是否还有待加强。要想成功，仅有专业基础是不够的，但没有专业基础则更是万万不行。

二战时期，英国名将蒙哥马利在北非战场上击败了素有"沙漠之狐"之称的德军元帅隆美尔，从此在战后声名远扬。鲜为人知的是，这位功成名就的将军少年时代却以顽劣著称。他小时候学习成绩很差，加上母亲对子女极为严厉，使得年幼的蒙哥马利十分厌恶学习，也不愿待在家里。经过深思熟虑，他逐渐迷恋上军队生活，认为军队历练能够弥补他在学校和家庭中的边缘地位。

当蒙哥马利决定报考英国著名的桑赫斯特皇家军事学院时，面试中的许多问题却让他束手无策。考官问他："骡子一天大便几次？"这个问题让他顿时发怵，结果自然是无功而返。后来有人告诉他，正确答案是8次。他带着好奇心回家细心观察，确实发现骡子有每天大便8次的习惯。这时蒙哥马利才意识到，无论从事什么工作，参加什么考试，学艺不精都是一个严重的问题。为了实现"军人梦"，他不仅努力学习军事知识，还对曾经厌恶的英语、数学、拉丁文等学科刻苦钻研。最终，他如愿以偿地进入军校，并在军队中不断端正工作态度、虚心学习，为日后成就卓越的军事生涯奠定了扎实的专业基础。

第二，许多人迷信人际关系，忽视自身内涵的充实，满足于虚无主义的"情商"。当今社会，关于"情商"的教育讨论此起彼伏。情商教育的深入人心，固然是社会进步的表现。然而，更多人对"情商"的理解仍停留在表面层次。在这些人的观念里，"见风使舵""随风倒""心口不一"的"智慧"以及广泛的社交圈子就是真正的"情商"。殊不知，真正的情商是一种"源于智商，高于智商"的智慧。如果连智商的基础都没有打好，就寄希望于在这些肤浅虚无的能力上发展"情商"，成功自然只能是天方夜谭！

2016年热播的电视剧《欢乐颂》在观众中引发高度关注，其中"五美"形象栩栩如生，引发观众激烈讨论。作为"五美"之一的樊胜美是个"比上不足，比下有余"的典型角色，有人欣赏她的担当，但更多人谴责她的虚荣。她或许是个"情商"很高的人，但这种"情商"只是表面的，经不起实力的检验，因此她的种种把戏在安迪、小曲等见多识广之人面前总是被识破。在剧中，当安迪听着樊胜美训斥小蚯蚓与楼上闹事邻居周旋时，她顿时明白了其中的道理：樊胜美"情商"如此之高，为什么只能混个中游？原来不过是个办公室油子。正是因为她在"专业"层面的"智商"上存在短板，才使得这个看似聪明的人不仅在工作、相亲之路上一波三折，甚至无力化解家庭纠纷。虚荣的背后，隐藏的是各种辛酸与无奈。

现实生活中，类似樊胜美这样的"伪情商"人士比比皆是。对许多企业而言，发展受限的重要原因之一就是过分强调"人情"的重要性。沈金星老师基于多年创业经验得出结论："其实，中国的许多企业都具有很好的战略，但缺乏执行力，很多优秀的战略因为遇到人情而无法实施。'企业的执行力靠的就是纪律''中国企业要进行战略管理必须要有良好的纪律'。"因此他强调企业发展关键在于自身品牌建设，并进一步指出："人情讲得越多，执行力就越差；执行力越强的企业，人情就一定讲得少。当执行遇上人情时，如果受伤的是执行，再好的战略也发挥不出作用。"

要解决上述问题，不断提升自己的"专业"能力无疑是通往成功的必经之路。在打破"情商迷信"的基础上，你至少要做到两点：

首先，在学习过程中，要更加注重细节，在看似无用的地方提取出"大用"的元素。

澳门赌王何鸿燊是一位传奇人物，但他的发迹之路和众多普通人一样，经历了从基层到高层的飞跃和蜕变。何鸿燊早年就职于澳门的联昌公司，在梁基皓手下从事文职工作。尽管因战乱被迫辍学于香港大学，但他天赋非凡，并未因此影响事业发展。何鸿燊并非好高骛远之人，虽然明白这份文职工作暂时无法贴补家庭开支，但为了在公司获得更大发展，他没有像常人那样一味地攀附澳门名流政要，也没有因职位低下而浮躁不安，而是认真查阅每一份公司文件，连细微的差错也细心校正。更让梁基皓惊讶的是，何鸿燊竟有背诵电话号码的习惯。何鸿燊解释说，联昌公司与澳门多家企业、银行都保持密切联系，需要接触的名流政要也很多，如果能把他们的联系方式烂熟于心，就能让公司的对外贸易渠道更加顺畅，一旦发现商机就能第一时间联系对方。何鸿燊背诵电话号码的细节不仅展现了他惊人的记忆力，更赢得了梁基皓的赏识。这种对"专业"的追求不仅没有影响他的职位升迁，反而促进了他事业的进一步发展。凭借这种对"专业"的执着精神，何鸿燊后来经营的公司利润逐渐丰厚。最终他选择投资博彩行业，依然以这种精神励精图治，终于在职场上取代了素有"鬼才"之称的"赌圣"叶汉，成为澳门新一代"赌王"。然而，让他赢得这一荣誉的不是赌术，而是他对博彩业的深入研究及对企业建设和管理的悉心探索，使他在"专业"层面超越了叶汉等诸多对手。

其次，要学会包容和接近那些看似对你"没有用处"的人，压缩"实用主义"的交际圈子，腾出属于自己的时间，多进行一些对过往的思考和反省。

有句话说："在大学，男孩因为孤独而优秀。"俄罗斯现任总统弗拉基米尔·普京就拥有一段孤独而充实的大学生活。普京经过刻苦努力，终于考入了彼得格勒国立大学最优秀的法学系。从入学开始，他就有着自己独特的想法和追求。

普京在中学时代曾经历过不被老师重视的"平庸"之苦：学习成绩平平，甚至比同年级同学更晚戴上红领巾。也正因如此，上大学后的他没有像其他同学那样沉溺于豪饮和疯狂恋爱的日子，而是整日泡在图书馆里钻研法律专业课程，同时广泛涉猎文史哲知识。除了读书外，普京还投入大量时间在体育馆里，苦练自己钟爱的桑博式摔跤、相扑和柔道等运动。没有奢华的纸醉金迷，没有广泛的交际圈子，有的只是"文武兼修"的寂寞，却在不知不觉中，铸就了一位魅力四射的"斯拉夫硬汉"。

普京担任总统已有十几年，即便在梅德韦杰夫执政的四年里，虽退居总理之位，他仍是实际的掌权者。从他的执政风格中，人们很容易看出其大学时代留下的"专业"痕迹：他出兵车臣、维护国家统一，严惩马斯哈多夫、巴萨耶夫等恐怖分子的手段，让人联想到他在东德时期的"克格勃"生涯；他面对日本维护"南千岛群岛"主权，与北约世界若即若离的外交策略，令人想起他幼年时期那个团结同学、对抗教师的"熊孩子"形象；他在俄罗斯政坛上的长袖善舞，尤其是"梅普组合"的灵活多变，又仿佛体现了"柔道"智慧的运用。总之，普京能够成为当今国际社会中"为俄罗斯而生的万人迷"，与他青年时代对不同领域的悉心探究和体验有着密不可分的关系。正是这些不断追求"专业"的兴趣，推动他摆脱平庸的阴影，逐步走向权力和魅力的顶峰，成为俄罗斯人民景仰崇敬的领袖。

"专业"不是钻牛角尖的偏执，更不是对情商的忽视，而是一种安身立命的根本需求，是让你尽早脱颖而出的制胜法宝。没有"专业"，就无法掌握生存的基本技能，更遑论取得那些虚无缥缈的成功。因此，当你选择了一份工作，就要为它投入全部精力，认真研究与之相关的一切细节，做好所有看似无用的准备工作。在这样的工作中，客观环境的琐事不会影响你的情绪，你也能在发展过程中不断发现并解决问题，完善自我，直到让你未来的道路越走越宽，人生也因此愈发精彩！

2. 努力培养"匠人气质"

小学语文课本中有这样一则寓言故事：船主在修造一条大船时，因忽略了木板上的一只小虫，让它在船板上生息繁衍，越聚越多，最终使这艘载客的大船毁于虫群之口。

英国历史上有这样一场战争：战败的一方仅因掉了一颗马掌钉，导致一个国王被俘，最终输掉了这场战役，也失去了整个英国。

经济学中有一个术语叫"蝴蝶效应"：亚马孙雨林一只蝴蝶翅膀的偶然振动，也许两周后就会引发美国得克萨斯州的一场龙卷风。

这三个案例都说明了同一个道理：初始条件的微小变化经过不断放大，会对未来状态造成极其巨大的差异。正如欧阳修所说："夫祸患常积于忽微，而智勇多困于所溺。"在我们的日常工作中，重视细微差距，处理好细节问题，才能把控整体工作质量。由此可见，培养"匠人气质"是我们走向成功的必修课。

"匠人"在日语中意为"职人"，泛指那些对自己的手艺和作品怀有极高责任意识的职场达人。日本人对待工作的认真和专注可谓世所罕见，这种精益求精的精神值得其他人学习。

培养"匠人气质"，不仅是对客户和领导的双重负责，更是对自己工作的全面负责。在职场上，你的"匠人气质"越浓厚，就越能在业绩中以质量取胜，最终成为行业翘楚或公司骨干。

日本建筑设计师安藤忠雄在东京主持设计"表参道之丘"时，选择与当时著名的"大林组"建筑公司深入合作。根据安藤忠雄的设计图纸，"表参道之丘"全长为250米。当"大林组"的施工人员完成任务后，他们看似多此一举地向安藤忠雄汇报："全长250米，分毫不差。"安藤忠雄有些不耐烦地说："没关系，差个5厘米10厘米的，完全没问题。"可是工人们斩钉截铁地回答："那可不行！不能有丝毫偏差，这是身为技术人员的自尊心！"安藤忠雄听后深感惭愧。

经历这次事件后，安藤忠雄被工人们的一丝不苟深深打动，此后在工作中也对自己要求更加严格。随着"匠人气质"在他身上日渐显现，他设计的建筑作品逐渐获得客户认可，在日本建筑界声名鹊起。在主持施工期间，他除了设计方案几乎不想其他事情，连吃饭、睡觉都顾不上。当记者问他是否为此谋求名利时，安藤忠雄郑重地回答："不，我觉得我设计的所有建筑都是属于我自己的，只不过暂时借给客户使用而已。"这番话充分展现了他对工作成果的无比热爱。

值得欣慰的是，在几代企业家的不断努力下，越来越多的中国人也意识到了"匠人气质"的重要性。海尔公司总裁张瑞敏就是其中的代表。

有人戏称：海尔的品牌是靠张瑞敏的锤子"砸"出来的。张瑞敏成立海尔公司后不久，对仓库进行突击检查，竟有76台存在严重质量缺陷!

工人们战战兢兢地被召集到车间,张瑞敏质问该如何处理。大家普遍认为这些只是小问题,况且大多数冰箱质量完好,不如以优惠价格卖给职工,似乎是个不错的主意。

但这个看似合理的建议被张瑞敏断然拒绝。随后他下达了一个让所有人心痛又震惊的命令:把这76台问题冰箱全部砸毁!

此后,海尔的电器质量问题逐渐得到解决。为确保生产过程中的一丝不苟,张瑞敏多次亲自召开会议,强调"如何从我做起,提高产品质量"的重要意义。他激动地说:"长久以来,我们有一个荒唐的观念,把产品分为合格品、二等品、三等品和等外品,好东西卖给外国人,劣等品出口转内销自己用。难道我们天生就比外国人低贱,只配用残次品?这种观念助长了我们的自卑、懒惰和不负责任,难怪人家看不起我们。从今往后,海尔的产品不再分等级,有缺陷的产品就是废品,把这些废品都砸了,只有砸得心里流血,才能长点记性!"

"砸"掉这76台冰箱后,在张瑞敏的悉心经营下,海尔的产品质量有了显著提升。到1988年,海尔冰箱获得了我国冰箱行业的国家质量金奖,成为20世纪80年代以来第一个获此殊荣的企业。

"匠人气质"对一个民族而言,能够培养出卓尔不凡的风格气度;对普通人来说,则意味着对自己、客户、公司,乃至整个社会的责任。以"匠人气质"实现对社会工作者的精神重塑,细心一小步,前进一大步!

3."专业化"的三重效果：成长，成功，成名

人生在世，"追求"二字无可厚非。而追求的工具，就是你不断提高的"专业化"水平，包括形象、技术、知识等。"专业化"水平的高低，将人们的成功分为三个层次：首先是成长，其次是成功，最后是成名。成长，是在经历中获得让你更加聪慧、成熟与稳健的正能量，有了这种积累，你能在未来更好地掌控各种目标和愿望，这是成功的最高形式，是无数个"准马云"必经的道路；普通的成功，是在某一段经历中达到特定目的、实现某些愿望，这是多数人的追求；至于成名，它必须建立在成功或成长的基础之上，否则只是徒有虚名，高高飘于空中，最不足取。

有这样一个故事：老板给三个推销员布置了一项任务，要求推销一批商品。推销员甲为了找到好方法，翻阅了各种经济学和营销管理的资料，学到了很多理论知识，并最终找到快速推销的方法；推销员乙在得到甲的指导后，将理论转化为实践，成功卖掉了所有货物；推销员丙则偷偷取走货物订单，在所有订单上签上自己的名字，跑去向老板领赏。

三人的作为，你支持谁，就能看出你追求的是什么。甲在学

习中获得新知，即便本次推销不成功，也掌握了宝贵的技能经验，日后必有用武之地，他获得了成长；乙完成了老板的任务，卖掉所有货物，他取得了成功；而丙始终未出一力、献一计，却将功劳占为己有，他是急于成名者，这样的捷径终究走不远。

"专业化"带来的最高成果就是在历练中获得成长。成长往往比成功更重要，甚至可以说：在失败中获得的成长，也胜过在胜利中总结的成功。所以，越专业，越能成长；越成长，反过来也越"专业"。

俞敏洪的求学和创业之路就是一个以成长为线索的故事。两次高考落榜，因病不得不在北京大学休学的痛苦，以及初办私学时遭受的误解，都是他"新东方之路"上遇到的挫折。然而，怯懦者在失败中销声匿迹，强者却能通过成长而愈挫愈勇。最终，他成为新东方教育集团董事长、洪泰基金联合创始人、中国青年企业家协会副会长、中华全国青年联合会委员等诸多成就。俞敏洪的成功之所以持久并富有吸引力，正是因为他的成功承载着太多成长。

感喟于曲折的经历，俞敏洪在《成长与成功》一文中斩钉截铁地指出："按照世俗的定义，当一个人在社会上取得了财富、名誉和地位时，我们就说这个人成功了。但事实上，这一成功的定义本身就有问题，因为从本质上讲，成功不是得到了什么，而是一个人成长的自然结果。成功不是某种静态的东西，可以任人平白地'拿来'，因为凡是唾手可得的东西也极有可能随时失去……人们在看待成功时，通常用一种简单粗暴的方式：只看成功本身，而不去探索成功的路径……如果一个人得到的财富、名誉和地位不是通过自身努力得到的，那他所谓的成功就是令人鄙视的，这种成功也和成长毫无关系。如果一个人的成功是和成长相连的，是通过不断努力而取得的，那我们就有理由相信，这样的成功会比较长久。"

"专业化"的中等效应，是让你获得普通人难以企及的阶段性或局部性成功。

万科前任掌门人王石年过花甲，事业上已经开天辟地、成就斐然，却依然在闲暇时手不释卷。王石的成功能如此持久，与他酷爱读书学习密不可分。万科的员工都知道王石的读书爱好，无不以此为鉴，纷纷自求进步。每逢员工过生日，王石总会赠送一本好书，并在扉页写上鼓励的话语。更令人感动的是，2011年，60岁的王石前往哈佛大学重新做起了留学生，目的就是为了"获得新生"。他深知，人的一生要历经无数次成功，才算功德圆满，不至于沦为昙花一现。从军队到工厂，再到自主创业，直至将"万科"品牌打造得中外驰名，王石始终在成长、不断进步。他的内心深处，很清楚阶段性的成功对人生终究意义有限。

所谓最下成名，是"专业化"不足导致的最恶劣结果，让人脚不沾地，常常保持45度仰望星空的姿态，稍有成就就丧失理智，认为自己天下第一。在这个选择多元化的就业时代，"怀才不遇"的人会越来越少，取而代之的是更多"学艺不精"之徒。学艺不精正是"专业化"不足的直接恶果。专业修炼不足，再加上严重脱离努力和勤奋，如此得来的名声大多是虚浮的，既缺乏人生沉淀，又经不起实践考验。无根之水必将枯竭，无本之木终将朽烂，真正有分量的名声，都是"不求名来名自扬"的结果。

在"专业化"的道路上，成长在左，成功在中，成名在右；成长隐匿于浩渺苍穹，成功于脚下道路，成名混迹于尘封泥土。格局总比努力更重要，而要想拓展格局，最关键的就是让你的能力更加"专业"，因为"专业化"能让你衡量成功的纯度，进而提升成长的高度。

4. 专业的形象

专业之路改造的不仅是内在的技术和知识，还有外在的形象。如前文所述，要维持持久的兴奋和乐观，首先需要的是你的"精气神"。你在哪个领域或行业取得成功，就会拥有什么样的气场。

习武之人能通过眼睛观察对手的道行深浅；商人只需注意对方的衣着打扮，就能大致估量其身价；而看一位歌手的气质，则能判断他是偶像派，还是实力派。你给别人的外在形象，实质上就是在"专业"领域中塑造的整体形象。拥有专业的形象，能在第一时间给对方留下最初且最深刻的印象。对朋友而言，可以迅速拉近关系，加强合作，让你的成功少走弯路；对敌人而言，则能让他心生忌惮，甚至退避三舍，达到"不战而屈人之兵"的效果。

专业的形象首先带给你的是领导或潜在的领导气场。无论是朋友还是敌人，都会从你的形象中获得牢固的信任感。你的"精气神"能在第一时间征服或打动他们，无需过分兴奋就能在竞争中引人注目、脱颖而出，至少能让圈内大多数人很快认识你。

美国前总统林肯曾说："男人过了 40 岁就要为自己的形象负责。"为了跻身美国政坛成为国家总统，从外在穿着到内在谈吐，他都致力于让自己的形象更接近一个国家的领导人。在竞选总统之前，林肯喜欢留着一副漂亮而颀长的胡须，因为一位小女孩曾给他写信说："如果把胡子留长的话，您看起来会帅很多，因为您的脸太瘦了。"一个平民女孩的建议他尚且如此重视，面对议员们的质疑和挑衅时更显从容不迫。当竞争对手为了贬低他而嘲讽他是鞋匠的儿子时，林肯既没有被激怒，也没有反唇相讥。他的回答很快让对手哑口无言，赢得了雷鸣般的掌声："我非常感谢你使我想起我的父亲，他已经过世了，我一定会永远记住你的忠告。我知道我做总统无法像我父亲做鞋匠做得那么好……据我所知，我的父亲以前也为你的家人做过鞋子，如果你的鞋子不合脚，我可以帮你改正它。虽然我不是伟大的鞋匠，但我从小就跟随父亲学到了做鞋子的技术……对参议院的任何人都一样，如果你们穿的那双鞋是我父亲做的，而它们需要修理或改善，我一定尽可能帮忙。但是有一件事是可以肯定的，我无法像他那么伟大，他的手艺是无人能比的。"这番"专业"的讲述，让林肯顺利赢得了选民的青睐。

专业的形象能让你的"明星品牌"更具吸引力。依靠这种自主化的品牌效应，你的成功会更持久，在人们心中的地位也会更加崇高。

周华健能在华语乐坛风光 30 年，除了拥有自写自唱的才华和"被上帝亲吻过的嗓子"外，"阳光游子"的形象也是打动众多歌迷的撒手锏。他在演唱会和综艺节目中十分注重亲民形象。20 世纪 90 年代他的成就给刘德华、张学友等香港"天王"们带来很大冲击，因此很多人称他为"天王杀手"，但周华健对此避讳不谈，更喜欢让人称他为"国民歌王"。周华健不仅在制作唱片、演唱歌曲时十分投入，为了塑造"专业"形象，他在生活中对自己要求也很严格。虽然长年在外，但他一有时间就回家看望妻儿，私生活中几乎没有花边新闻。此外，周华健对公益活动的参与也很热衷，2008 年汶川地震时，他以台湾代表身份前来慰问，给予灾区人民无尽的鼓励和温暖。每次演唱会结束，他都会拿出部分收入无偿赠予默默无闻的幕后工作者。周华健能在歌坛成为"常青树"，不仅依靠他的音乐才华，更依靠他对专业形象的维护，使歌迷从喜欢他的歌到喜欢他本人，让唱片公司员工都愿意跟随这位"明星老板"效力，还拥有一个幸福美满的家庭。

　　专业的形象，不仅让你获得"可持续发展"的可能，更能改变你的气场，增添你的魅力。即便走出工作圈，也会有众多追随者以你为榜样。

5. 专业的技术

古人常用"韩信点兵，多多益善"来形容将军的卓越才能，韩信也因此在中国战史上被后人视为神一般的存在。然而，许多肤浅的人只关注韩信登坛拜将后的辉煌成就，却往往忽视了他早年经历的胯下之辱和在项羽麾下郁郁不得志的困境。

在被萧何月夜追回之后，韩信很快得到了刘邦的重用。被任命为汉军最高统帅后，他迅速扭转战局，打败了强大的楚军。韩信确实具备统帅才能，但更重要的是，这份才能正是从他早年"漂母乞食"的苦难时期开始磨炼而成的。韩信的成功印证了一个深刻道理：猛将源自基层，高楼始于地基。成功的关键在于专业技能的掌握。

"不积跬步，无以至千里；不积小流，无以成江海。"要想成为卓越者，必须经历普通人的成长历程。即使命运一时眷顾，让你暂居高位，也无法掩饰根基不稳的事实。与那些脚踏实地、逐步上升的人相比，表面上领先的人往往随时面临跌落的危险。因此，只有具备扎实的专业技能，才能在奋斗过程中突破一个又一个瓶颈。从零到达千、万乃至亿的高度，虽然道路曲折漫长，却并非不可能。

说到广东省东莞市，人们首先想到的是它的玩具制造业。殊不知这座城市里还有一位名叫熊素琼的奇女子，她从一名清洁工做起，最终成了五星级酒店的副总经理。

1994年，熊素琼离开农村进城打工。由于学历不足、身材矮小，她连应聘酒店服务员的机会都难以获得。在走投无路之际，她决定用实际行动来打动招聘方。

在一家求职失败的三星级酒店里，熊素琼买下了一个布满灰尘的次品马桶，并将其搬到招聘现场。当主考官出现时，她立即表达了自己"能吃苦、不怕累"的决心，随后当场展示了精湛的清洁技术，将又脏又臭的马桶清洗得焕然一新。

主考官被熊素琼的诚意和技术所打动，让她留下来负责保洁工作，专门处理他人认为最苦最累最没前途的任务——清洁马桶。然而，熊素琼不仅毫无怨言，还在工作中展现出独特的智慧和能力：她不但能将马桶打扫得一尘不染、没有异味，还向经理建议对酒店清洁工作进行系统化管理，将其分为房间清洁、卫生间清洁和公共区域清洁三大类，很快赢得了经理的赏识。

在建议获得采纳后，熊素琼更加努力工作。凭借勤奋，她负责的区域创造了"零投诉"的佳绩。经理随即提拔她为清洁组组长。获得这个职位后，熊素琼并未骄傲自满，反而认为职位的提升意味着要学习更多知识。她开始为酒店做出更多贡献：收集饮料塑料瓶，将破损的卖给废品站，完好的用来储水备用；主动向前台同事学习，迅速掌握酒店管理基础知识和计算机操作技能。这样，熊素琼不仅为酒店节省了用水成本，还能在同事请假或离职时临时顶岗，协助解决问题，为顾客提供更优质的服务。

在组长的工作岗位获得认可后，熊素琼萌生了重返校园的想法。经过不懈努力，她最终成为北京师范大学酒店管理专业的专科毕业生。三年后，她晋升为酒店客房部主管。从担任清洁组组长到升任主管期间，她积累了 17 本工作日志，其中关于刷马桶的记录高达 7,987 次！

八年后，熊素琼的人生再次发生质的飞跃：东莞市最豪华的五星级酒店向她抛出橄榄枝，一个副总经理的职位已经恭候多时。

不想当将军的士兵不是好士兵，但仅有雄心壮志是远远不够的。如果没有过人的素质和突出的表现，当将军只能是一场空想。若只靠一些皮毛技能招摇撞骗，轻则为好高骛远付出代价，重则面临牢狱之灾。因此，精进专业技能是每个追求成功者的终身必修课。

2015 年 7 月，江苏省无锡市发生了这样一则新闻：一名冒充公司总裁的诈骗者终落法网。这位姓谢的女子虽有大学文凭，却不愿吃苦耐劳，总想一夜暴富。在无法傍上富豪后，她选择了诈骗这条歪路，最终害人害己。

自从在南京某高校工商管理专业毕业后，谢某一直执着于赚大钱。她既不愿就业，也不屑继续深造。仅凭一点专业知识，就开始实施诈骗。她自称是某公司总部的总裁，以扩大市场为由，招揽多家公司加盟。凭借一知半解的专业知识，她在无锡市各处游说企业和商铺，抛出加盟橄榄枝的同时，声称要派人去接受业务培训和工作指导。起初，由于她言辞流畅、用语专业，赢得了不少信任。然而，当她在培训一段时间后提出资金要求时，众人开始起疑。经过调查，她的骗局很快被揭穿。谢某不仅未能获利，反而锒铛入狱。

只有掌握扎实的专业技能，你才能在成功之路上走得更稳、更远，奋斗过程也将更加踏实，收获的成功也将更加真实可靠。反之，如同古语所说"企者不立，跨者不行"，没有扎实的技术基础就贸然行动，浮躁终将吞噬成功的希望。总之，在尚未掌握精湛技能之前，越是渴望一步登天，就越是离成功遥远。要想实现成功，技术和知识才是根本之道。正如老子所言"贵以贱为本，高以下为基"，这样的箴言我们必须铭记于心。

6. 专业的知识

要想成功，不仅需要实战层面的专业技术，还需要理论层面的专业知识。这两者相辅相成，缺一不可！

《庄子》中记载了这样一个故事：庄子的老友惠子前来拜访，诉说自己的烦恼。惠子在家中种植葫芦，却因施肥过猛，使得葫芦长得如小船般庞大，无法用来盛水。庄子闻言微笑，建议既然不能盛水，何不用来制造船筏呢？

这个"大瓠之种"的故事寓意深远：无用之物往往有大用。庄子的观点很有见地。在当今这个过分强调"实用主义"的时代，多学习一些表面"无用"的知识，反而能掌握更多根本之道。相反，目的性太强反而会限制执行力。在实际工作中，所谓"专业知识"，恰恰常以"无用之学"的形式呈现。

这些看似无用的专业知识能提高你对事物的专注度。当面临紧急任务时，正是因为平日积累的各种"冷"知识和"闲"经验，才能从容应对。

"珠宝大亨"郑裕彤的故事就是最好的例证。他早年的一个看似"无用"却极其"专业"的习惯，让他成为周大福的红人，最终更有幸成为老板周至元的女婿，继承了周大福珠宝企业。

郑裕彤出生于广东顺德的贫困家庭。抗日战争期间，他的父亲将十几岁的他送到老友周至元的金铺当学徒。当时的周大福还只是一家普通金铺，远非今日的规模。郑裕彤工作认真努力，唯一的缺点就是总是迟到。周至元为了查明原因，派人暗中跟踪。

令人意外的是，当周至元了解真相后，不仅没有生气，反而特许郑裕彤继续这样做。原来，郑裕彤虽然只是学徒，却极其注重积累销售经验。每天上班路上，他都会在各家金铺驻足观察。当销售员与顾客交谈时，他都会在旁细心聆听，学习销售技巧。即使店里没有顾客，他也会认真观察店铺装潢和商品陈列，特别关注那些生意兴隆的店铺。这个习惯导致他经常迟到，但周至元却暗自赞许这个好学上进的年轻人。

郑裕彤在日复一日的"无用"学习中逐渐成长。一天，他奉周至元之命去码头接待亲戚。在码头上，他注意到一位南洋商人正在打听兑换港币的地方。凭借平日学来的待客之道，他用带着顺德口音的话说："到周大福金铺可兑换，价格公道。"尽管口音生硬，但那位商人还是相信了他。就这样，郑裕彤为周大福开拓了一项新业务。此后，他在平凡岗位上不断创造惊喜，最终赢得周至元的赏识，与其女儿喜结连理。

1946年，21岁的郑裕彤前往香港开设分行，成为岳父的得力助手。在他的经营下，香港分行迅速发展，反而压制了澳门总行，促使周大福的总部迁至香港。周至元去世后，周大福的大部分股权落入郑裕彤手中。1956年，郑裕彤正式继承周大福，此后在香港的业务蒸蒸日上。他与何鸿燊、霍英东等企业巨头建立合作关系，使周大福在 20 世纪的中国成为家喻户晓的一流品牌。

郑裕彤能够从周至元的得力助手最终成为企业继承人，完全得益于他早年学徒时期那些看似"无用"的积累。

专业知识的积累不仅能提供理论支撑，还能帮助我们在枯燥的工作中发现乐趣，从"无用"中提炼出"大用"。

德国哥廷根大学医学院教授亨尔就深谙这个道理。1862 年，在一轮严格的考试筛选后，他为新生布置了一个看似古怪的作业：抄写他的论文手稿，要求字迹工整，不得有涂改和错字。

学生们对此颇感不解：这些手稿本就整洁，重抄一遍似乎毫无意义。他们认为来到高等学府是为了搞研究、干大事，怎能在这些琐事上浪费时间？大家笑着离开教室，唯有一名叫罗伯特·科赫的学生认真执行老师的安排，静心誊抄。

科赫花了整整一个学期才完成抄写。亨尔教授微笑着对他说："孩子，我向你表示崇高的敬意！从事医学研究，不仅需要聪明才智和勤奋精神，更要有一丝不苟的态度。年轻人往往急于求成，容易忽视细节。要知道，医学上的一步之差可能关系生死。这些手稿既是学习知识的机会，也是锻炼心性的过程。"亨尔的话深深印在科赫心中。多年后，科赫成了一位著名的医学家。

任何专业知识都能推动事业的"软实力"提升，帮助你在稳健的道路上成长为一个才华横溢的成功人士。"书到用时方恨少"的困境，主要源于我们平日积累的专业知识太少，而工作中又过分注重功利性，反而影响了知识的吸收，也就难以抓住机遇。因此，在闲暇时光，与其沉迷手机，不如去跑步；与其听音乐，不如阅读理论教材。在暂时忘却功利的世界里，让自己在休息之余获得新的"软实力"，这些积累终将转化为实实在在的"硬本领"。

第六章

增加爱的动力

1. 动力不足，"爱" 不够

如果你已经拥有了专业知识技能，也能够控制负面情绪与他人合作，却仍未达到理想目标，那么在排除智商和情商的问题后，很可能是德商方面的缺失——也就是缺少"爱"与"被爱"的支撑。成功动力不足的首要原因，往往在于给予和接受的"爱"还远远不够。

"爱"是一种独特的能量，无论如何付出都不会减少。这里的"爱"不仅仅指父母亲情或情侣之爱，而是一种超越普通人伦的情感，是格局的虚拟载体。有了爱，付出艰辛与汗水后便能收获一切；反之，则可能一无所有或得而复失。

有个故事说，三位衣衫褴褛的老人——财富、成功和爱来到一户人家乞食。这家人准备招待他们，老人们要求只能邀请其中一位。女主人选择财富，希望家庭衣食无忧；男主人选择成功，想让妻女以他为荣；而女儿选择了爱，认为有爱才能让家庭幸福。父母采纳了女儿的建议，当"爱"进入房间时，"财富"和"成功"也随之而入。原来，单独邀请财富或成功，其他二者不会跟随；但邀请了爱，其他二者必会相随。因为有爱的人，终将拥有财富和成功。

许多知名企业家除了追求市场利润，也热心慈善事业，将其视为责任和使命。即使是普通劳动者，爱心的奉献也常能带来意外的声誉和机遇。

2010年的"感动中国十大人物"中有一位"最美洗脚妹"——刘丽，她后来成为福建省厦门市公益慈善会的创始人。刘丽的成功不是源于高学历或显赫背景，而是来自一颗纯粹的爱心。1980年出生于安徽颍上的她，14岁因贫困辍学打工，将收入一半贴补家用，一半资助弟妹读书。童年的贫困虽然剥夺了她的求学机会，却播下了爱心的种子。2000年，她来到厦门一家足浴中心工作。令人敬佩的是，她持续用工资资助贫困学生。她的善举逐渐被人关注，2010年入选"感动中国十大人物"。此后，她还成为全国道德模范候选人、全国助人为乐模范，并以农民工身份当选全国人大代表。她感人的事迹和成就，都源于那颗博大而坚韧的爱心。

相反，缺乏爱心的人，即便拥有再高的学历和资质，人生道路也难以宽广，最终的失败似乎也在情理之中。

"缺爱"主要表现在两个方面：一是缺乏来自外界的"爱"，这样的人往往对周围一切充满怀疑，不信任伙伴朋友，最终在孤立中走向失败；二是缺乏对他人的关怀，典型代表就是那些吝啬狭隘的中小企业老板。只有心怀大爱的人，才能以此为指引，成就大事。

星巴克的舒尔茨就是一位因梦想而成功的企业巨头。与其他企业家优渥的家庭背景不同，舒尔茨的童年始终与贫困相伴。他坦言："我年轻时生活在一个贫穷的家庭，可以说是家徒四壁。"

然而，正是这位"贫二代"，因一个纯真的梦想点燃了创业激情，最终打造出"星巴克"这个享誉全球的餐饮品牌。

舒尔茨出生在纽约布鲁克林东区一个贫困的五口之家。家庭收入全靠父亲开卡车维持，更不幸的是，父亲工作时脚踝受伤，没有医疗保险和工伤赔偿，从此失去了经济来源。

16岁的舒尔茨不甘现状，一边打工一边萌生了改变家庭命运的愿望。在他眼中，父亲是个可怜人，"他只做过蓝领工作，年收入从未超过2万美元，也买不起自己的房子。"因年纪小，工作经常更换，但父亲的遭遇加上自己的经历，让他产生了一个想法：社会上像父亲这样不幸的人太多，原因在于许多公司缺乏人性关怀。于是他的梦想更加清晰：要建立一家为员工创造幸福感的公司。

1971年，舒尔茨凭借出色的橄榄球技术进入密歇根大学体育专业学习。在校期间，他为获取奖学金刻苦学习，不是为了像富家子弟般挥霍，而是为儿时的梦想打造物质基础：积累资金，为创业做准备。

尽管获得了奖学金，创办公司的资金仍然不足，方向也不明确。务实的舒尔茨决定先进入公司积累营销经验，用收入接受专业的销售培训。经过不懈努力，他在一家瑞典公司担任副总裁兼美国分公司经理。虽然事业已经成功，但少年时代"为员工创造温暖"的梦想始终萦绕心头。

一次出差时，舒尔茨在西雅图的星巴克咖啡馆休息。虽然他不知道这个品牌在他大学毕业那年就已存在，但他被咖啡的精湛工艺和店内幽雅的环境深深吸引。一个将梦想付诸现实的计划终于成形：用"星巴克"的餐饮服务去感召顾客，温暖每一个为生计奔波的人。

为实现这个充满爱心的梦想，舒尔茨放弃高薪工作，转而担任这家小咖啡店的销售经理。在他的技术改良和服务提升下，最终完全控股的星巴克，在比尔·盖茨父亲的帮助下，顺利进军全球市场。不仅在发达国家广受欢迎，在许多发展中国家的街头巷尾也随处可见，在快节奏的社会中为人们带来温馨和惬意。

说到星巴克，人们常常想到"最好的成功是与彼此分享"这句话。舒尔茨也经常对大学生们说："在未来的人生道路上，无论遇到什么际遇、走向何方，都要尽量与身边的人分享你的毯子。"童年目睹父亲痛苦的经历，使舒尔茨多年来虽然辗转各大公司，却始终不忘初心，为这个充满爱心的梦想不懈奋斗。随着星巴克在全球市场的扩张，舒尔茨的成功与顾客的喜悦紧密相连。星巴克不仅创造了显著的经济效益，更重要的是，舒尔茨为世界带来了舒适、陶醉与和谐，以及"爱"这种精神资源的终极共享。

缺乏外界之"爱"的人往往敏感、多疑，以"苦大仇深"为工作动机，自然难以得到他人喜爱，更难以获得成功。频繁耍弄心机只会让自己误入歧途。

要让成功持久相伴，就要学会以包容的心态对待他人，减少对世界的敌意，放眼全局，相信"天生我材必有用"的道理。即便身边有99个人反对你，只要有一个人支持，就应该视其为知己，以此为动力，怀着感恩的心态奋斗打拼，终能驱散眼前的阴霾。

麦克阿瑟年轻时就读于西点军校，初到军校时，他和其他新生一样面临着学长欺凌。当时西点军校有个恶习：老兵常让新兵单腿站立数小时。麦克阿瑟也曾遭遇此事。第二天，校方得知后给了他报复的机会：只要指认欺负他的老兵，就立即开除他们。但麦克阿瑟坚定地表示自己没有遭受凌辱。他的宽宏大量在军校引起轰动，那些欺凌新兵的学长不仅感激他，还彻底放弃了这种恶习。麦克阿瑟成为校园风云人物，在学长们的敬佩和鼓励中茁壮成长，最终以98.14分的史上最高分毕业。从此，西点军校因为麦克阿瑟放弃"复仇"的选择，消除了校园欺凌行为。这证明"缺爱"的人一旦拥有"爱心"，就能成为一个无比强大的人。

缺乏对他人关怀的人往往缺少人情味，也缺乏战略眼光，这必然束缚个人发展。因此，当事业更上一层楼时，应该将更多恩惠施予追随和支持你的人，这样成功才能"延年益寿"，永不衰落。无论是"爱"的缺失，还是"被爱"的匮乏，都是成功路上的绊脚石。虽然自小"缺爱"的人可能影响事业发展，但这并非决定性因素。只要以德报怨地对待他人，保持感恩与乐观的心态，化消极为积极，化被动为主动，人生依然可以光彩夺目，胜利依然可以绚丽非凡！

2. 渴望得到爱，首先要有责任感

张瑞敏领导的海尔公司之所以成为国内顶级企业，主要源于他对客户和产品的双重责任感。他不仅为确保客户满意度而果断销毁有质量问题的电冰箱，还要求员工始终将责任放在首位。正如一位海尔优秀员工所说："无论是在朋友聚会，还是街头听到关于海尔的意见，我都会记录下来。作为员工，让产品更好、企业更成熟完善是我的责任。"

相比之下，曾备受好评的三鹿集团却因沉醉于过往成就而放松生产监管，导致奶粉中出现大量三聚氰胺，造成近 30 万儿童泌尿系统异常。这个曾以高营养著称的国产奶粉品牌，因疏忽与放纵而失去了消费者的信任。

这两个截然不同的故事引出了一个重要话题：责任感。

人生路上困难重重，不如意事常八九。即便习惯了平凡，积极上进的人也不会甘于平庸。平凡是光荣的，但平庸却是可耻的。即使不追求掌声、鲜花和美酒，也不该过着庸碌的生活。摆脱平庸是每个人的必经之路！

然而，很多人在拒绝平庸时选择了错误的方向。除了不善反思、情绪用事、盲目效仿成功者外，有些人选择恶意炒作，甚至走"后门"，结果要么陷入道德争议，要么触犯法律身陷囹圄。

实际上，要告别平庸、实现与众不同，唯一需要的就是责任感。虽然这种转变可能来得较慢，但期望一夜成名本就不现实。培养工作责任感也许不是最快的成功途径，但确实是最有效的摆脱平庸的方法。这不是最好的逆袭方式，却是最稳妥的选择。

责任感的根源是对工作的"爱"。心怀这份"爱"，即使过程无功利，也终将收获回报。

因此，结论是：渴望得到爱，首先要有责任感！

责任感的践行，即使不能立即带来晋升，也能帮你赢得声誉。即便领导不够重视，只要获得客户认可，就已经很有价值。

辽宁省沈阳市的送奶工王秀珍就用165张纸条感动了整座城市。过去，她默默送着牛奶，不为人知。但2009年11月29日，这种情况改变了。那天，她的父亲去世，她买好返乡车票后，想到165位订奶的顾客，便写下了165张纸条："对不起，我爸去世了，11月30日-12月6日停奶，12月7日照常送奶。送奶工。"

她让儿子在寒风中将这些纸条逐一送到顾客家门口，以免他们担心。

处理完父亲的后事，王秀珍在悲痛之余仍不忘关心顾客。得知儿子因不熟悉地址而未能送达部分纸条，她立即给这些顾客打电话说明情况。

顾客们被这些纸条深深感动。当12月7日恢复送奶后，他们更加敬佩这位责任感强的普通女工。这个故事很快传遍沈阳城，人们无不敬重这位"最敬业的送奶工"。虽然送奶工并非高端职业，但王秀珍凭着 165 张温情纸条赢得了全城的爱戴。正是这份无与伦比的责任感，让她在平凡中摆脱平庸，赢得美誉。

工作中坚持责任感，能让你自然而然地成为团队凝聚力的核心，帮助你更快走向成熟，学会担当，逐渐培养领导力和统帅才能。

美国历届总统大多在童年就接受过责任意识的家庭教育，其中艾森豪威尔和里根最具代表性。

艾森豪威尔不仅是战后的总统，更是二战盟军最高统帅。在他看来，最高统帅意味着最大的责任，而非最大的权力。为实施"霸王作战"计划，他力排众议选择诺曼底登陆。面对质疑，他写下"罪己诏"："此次登陆决策基于我的判断，若失败完全由我个人负责。将士们都尽忠职守，一切过错归咎于我。"虽然行动成功使这份文件未曾启用，但他的责任担当赢得了美国民众的信任，为日后竞选总统奠定了感情基础。

七岁的里根在踢球时不慎打破邻家商店玻璃。父亲替他支付了 15 美元赔偿金后对他说："这是你的责任，虽然我先垫付，但你要利用暑假打工还钱。"小里根经过数月的勤工俭学，终于还清了这笔钱。父亲欣慰地说："能为过失负责的人，将来一定有出息。"多年后，里根仍感慨道："那次经历让我懂得了责任。"

责任感是我们成功路上的爱之源泉。它能帮助我们树立坚定的职业信念，在很大程度上弥补能力的短板。可以说，责任感本身就是一种潜在的能力。正如罗曼·罗兰所说："在这个世界上，最渺小的人和最伟大的人同样有责任。"由此可见，只要心怀责任与爱，好运自然降临！树立责任感，就能摆脱平庸。当你的一切都以责任为核心时，成功的桂冠终将属于你。

3. 爱自己，让自己成为想成为的人

实现博爱之前，首要任务是学会爱自己：满足于现有成就，珍视自己的优点，最理想的境界是将自己视为自己的"偶像"。爱自己的本质，就是努力成为理想中的自己。

只顾自己是错误的，会导致自私自利；一味付出而忽视自我感受，则会损毁自我价值。更糟糕的是，习惯于你无条件付出的人也会失去进取心。这种现象在现实中常见，如溺爱子女的父母、只懂付出而忽视自我的恋人，或是爱护有加却疏于管教的教师。"君子无威则不重"，即便肩负帮助他人的使命，如果无法维护自己的尊严和权责，付出的对象也不会心怀感激。

2012 年 11 月，《心理访谈》栏目采访了 27 岁的山东歌手张家成及其女友郑国莹。二人相恋多年，感情深厚，却生活不甚幸福。特别是郑国莹，常感迷失和隔阂。经过分析调解，问题的根源浮出水面。

张家成虽有音乐天赋，但事业不顺，既无唱片公司青睐，也无厂家愿意制作他的作品。他却痴迷音乐，经常去养老院义演，或在街头表演。为追逐音乐梦想，他还要求国莹辞去小城市的工

作，一同迁往青岛。在这个生活成本更高的城市，张家成仍沉浸在音乐梦想中，所有开销都依赖女友承担，自己却放弃找工作的机会。

现场调解中，嘉宾们看出两人真心相爱，但也发现张家成的不成熟和过度依赖让郑国莹迷失了自我。当节目推向高潮时，郑国莹泪流满面，终于认识到爱情不仅要爱对方，更要爱自己。

前文讨论过"自信"的话题，它是"爱自己"的重要组成部分。除此之外，成功路上的"爱自己"还包括三个方面，其中之一是：

第一，摒弃对明星的盲目崇拜，与其羡慕他们的成功，不如学习他们成功的历程。历史上确有因模仿偶像而成功的例子：司马相如原名长卿，因仰慕蔺相如而改名；李鸿章访德时因敬佩俾斯麦的外交才能，自称"东方俾斯麦"。但对大多数人而言，过度的偶像崇拜只会暴露缺乏自信。盲目模仿偶像的一举一动，忽视每个人成长经历的独特性，只会误入歧途。

2008 年，李文宏创作的赈灾歌曲《势不可挡》被王宝强演唱后，这位有才华的下岗瓷器工人开始受到关注。随后他又为王宝强创作《做有意义的事》，再次获得好评，还参加了王宝强的生日宴会。短暂的成功让李文宏陷入"偶像崇拜"的误区，认为依附名人就能成功。此后，他一味追捧王宝强，甚至与成龙的经纪人频繁联系，不断推销自己。然而，他的作品却未获得更多认可。

确实，明星的成功属于他们自己，与旁人无关。只有自强不息，才能获得属于自己的成就。如果李文宏学习的是王宝强吃苦耐劳、不卑不亢的精神，并以此为动力努力创作，而不是一味依附名人，他的词作生涯或许会走得更远。

第二，要学会接纳过去的局限和遗憾，满足于现有成就。俗话说："家家都有本难念的经。"每个人心中都有挥之不去的结，长期积压会如同一根尖刺，稍有触动就会疼痛。化解这根刺不能靠外力，但通过不断取得令自己满意的成就，用一个个成果作为"膏药"，心中的刺会逐渐消融，伤口也会慢慢愈合。由此可见，勤奋努力、在奋斗中不断进步，是化解往日遗憾和局限的最好方法。

80后作家韩寒在当代文坛的知名度很高，他的小说、杂文，创办的杂志广受欢迎。虽然现在的韩寒在写作上颇有成就，但求学时期却不是师长眼中的好学生。高一时因七科不及格而休学，却在"新概念作文"比赛中凭《杯中窥人》展露文学才华。初入文坛后，他以《三重门》一举成名。犀利的文字和偏执的思想让他在青年作家中异军突起。韩寒专注于写作、赛车、杂志经营等热爱的事业，从未为当年的学习成绩懊恼。在一次访谈中，有人问他："如果回到18岁，最想做什么？"他坦然回答："其实我回到18岁，想做的都已经做了，我一点都不遗憾。如果我回到18岁，估计也只是再做一次。"尽管成长路途坎坷，韩寒没有怨天尤人，用今日的成就弥补往昔的遗憾。

第三，犯了错误之后，不要陷入瞬间的自怨自艾，而应该将所有精力都投入到重整旗鼓上。徒劳的自我检讨不仅解决不了问题，反而会为接下来的行动增添负面情绪。因此，及时放下过往的过失，也是"爱自己"的一种方式。

说到青年创业者李克，大家都知道他因家电清洗业务而成功的故事。短短不到三年时间，他创办的郑州蓝清科技有限公司，就实现了从最初两万元到数百万元利润的巨大飞跃。然而鲜为人知的是，李克的创业之路并不平坦，在创办"家电清洗"之前，他经历过三次失败。在总结自己能够反败为胜的原因时，他说道："如果发现路走错了，就要果断认输，为下一步行动节省时间。"在李克看来，后悔、悲伤及自我怀疑只会让人变得软弱，唯有振作起来，在反思后重新奋发，才能真正印证"失败是成功之母"这句话。

2003年毕业后，李克在避风塘连锁超市做起了人生的第一份工作——一名服务员。由于工作勤奋认真，他很快得到店老板的赏识，被提拔为中层干部。在感激老板的同时，李克心中萌生了创业的念头。不久后，他模仿避风港的模式开了一家茶餐厅，却在寻求合作时遭到对方排挤，最终不得不离场。此后，李克几经周折，先后开办了饭店和烟酒超市，但都以失败告终。

正当李克对创业前途感到迷茫时，他在绝望中发现了一个良机。他偶然看到一则关于居民寻找家电清洗服务的新闻，敏锐地意识到这可能是一个方兴未艾的商机。于是，李克用了半年时间走访各家维修公司，学习家电内部结构和维修基本技能。吸取了之前创业失败的教训后，他于2006年创立了蓝清公司，重新点燃了创业的希望之火。

在李克的精心经营下，蓝清公司的管理、技术、客户和市场都得到了快速发展。公司在不断发展壮大的同时，也让家电维修和清洗行业逐渐成为一个备受欢迎且具有影响力的产业。李克是一个有梦想和追求的人，也是一个懂得"爱自己"的人。正因为他相信自己能够有所作为，所以在多次挫折后仍能重新开始，为人生增添更多精彩，最终驱散了失败的阴霾。

　　"爱自己"，既不是畸形的自恋，也不是过度的自我意识，而是一种对自己保持自尊与自信的态度。通过"爱自己"，你能在价值定位中找到属于自己的坐标，并朝着既定方向勇往直前。即使没有明星偶像的激励，你也能把自己视为偶像，将心结转化为动力，把挫折转变为激情，最终到达胜利的彼岸。

4. 爱父母：小孝是陪伴，中孝是继承，大孝是超越

百善孝为先，最具魅力的人，依然是那些对父母怀有孝心的人。正如《诗经》所云："父兮生我，母兮鞠我。抚我畜我，长我育我，顾我复我，出入腹我。欲报之德，昊天罔极！"

即便在事业上再成功，如果对父母没有孝心，这样的人仍会遭到他人的鄙视。爱事业，更要爱自己的父母，唯有孝道永存，才能保障事业一帆风顺。

爱父母，首先要做好"小孝"："小孝"就是陪伴。我们应该将自己的成功首先归功于父母，因为我们在舞台上越是成功，就越意味着父母在幕后的含辛茹苦。而且你必须相信，你今天取得的成就，正是"寒门出贵子"的见证。

华为公司总裁任正非自幼深受父母之爱，但如今功成名就的他，常因对父母孝心的不足而感到愧疚。在他的文章《我的父亲母亲》中，任正非直抒胸臆："华为规模发展后，管理转换的压力巨大，我不仅照顾不了父母，连自己也照顾不了，我的身体也是那一段时间累垮的……爸爸妈妈，千声万声呼唤你们，千声万声唤不回……扪心自问，我一生无愧于祖国，无愧于人民，无愧

于事业与员工，无愧于朋友，唯一有愧的是对不起父母。"

任正非43岁那年，因在南油集团总经理岗位上失职，让公司损失200万元而被开除，人生瞬间跌入低谷，他的发妻也离他而去。父亲任摩逊和母亲程远昭却来到深圳，帮助儿子共渡难关。一家人挤在十几平方米的小房里，连做饭、吃饭都只能在阳台解决。为了节省开支，任摩逊从不去街上买香烟，只抽从贵州老家带来的劣质烟，程远昭则只在集市上挑选剩下的鱼虾和最便宜的蔬菜，一家人的生活非常拮据。

可以说，正是因为有了父母对儿子的支持，才增强了任正非创办华为的决心。没有父母对儿子的爱，就不会有后来华为在国际市场上"狼行天下"的壮观景象。

爱父母，第二步是实现"中孝"的质变："中孝"就是继承，它要求我们积极汲取父母身上值得学习的优点。在感恩父母养育之恩的同时，要积极地将父母赐予的爱和优势，逐步转化为自己成功的支柱。

黑豹乐队主唱秦勇的人生大致分为两个阶段：一是在演艺圈疯狂演唱的"事业"阶段；二是专心陪伴儿子的"家庭煮夫"阶段。2005年，当黑豹乐队在华语乐坛发展如日中天时，作为主唱的秦勇却突然退出乐队，随后很快销声匿迹。多年后，人们才知道真相：秦勇放弃了大部分演出和赚钱的机会，只为了陪伴自己轻度智障的儿子。而从儿子这方面来说，正是秦勇为了他在演艺圈中急流勇退的决定，无形中给予了儿子无尽的正能量。在强烈的对父亲崇拜的心理作用下，儿子长大后也成了演艺界的知名童星。

秦勇从此退出歌坛，和妻子经营起一个普通的家具厂。除了送货外，他大部分时间都陪伴在儿子身边，不厌其烦地向儿子讲述人生道理。从一个备受追捧的摇滚歌星变成慈祥的"全职爸爸"，他失去了舞台上的灯光、掌声和呐喊，却在陪伴儿子的岁月里收获了更多。在他的悉心指导下，儿子大珍珠学会了骑自行车、玩滑梯等各种颇具挑战性的运动和游戏。长大后，大珍珠还考上了华氏传媒学院，走上了艺术创作的道路，在学校里与同学关系融洽，完全看不出智障的迹象。如今已过二十岁的大珍珠，将自己的成功和名声都归功于父亲。他对父亲的教诲奉若圣旨，无论在家里还是外面，都亲切地称父亲为"父皇"，称母亲为"母后"。大珍珠的努力没有白费，他的成功无疑得益于对秦勇给予的爱的汲取，同时也积极吸收了父亲的艺术才华，在效仿父亲的过程中不断磨炼、提高自己，最终在对父亲的感恩中，实现了对智障困扰的彻底超越。

爱父母，第三步是完成"大孝"的任务："大孝"是超越，它提醒我们要永远铭记父母在我们最困难时的支持。无论在事业中投入多少，都不应耽误对父母的孝顺，反而要把事业上取得的成果，再度投入到回报父母晚年生活中，为自己的成功锦上添花。

朱辉是当今颇有名气的"爱心企业家"，他以"铁肩担未来，心怀有天下"为信念，为我们树立了一个孝顺父母的企业家榜样。朱辉出生于1976年，朱辉在家中排行第六，那时朱家不仅经济拮据，社会地位也十分低下。

但朱辉并未因父母的贫寒而放弃奋斗，更没有对他们生出嫌恶之心。他总能清晰地回忆起父母当年的艰辛劳作："记不清多少个日日夜夜，清晨，当他人还沉浸在梦乡时，我的父母便已出门劳作；晚上，当他人晚饭过后，躺在柔软的床上享受生活的惬意时，我的父母却还要去做第二份工作。也正是在这样的环境下，我才养成了如今遇事不骄不躁，遇难不弃不馁的毅力。"

朱辉的父亲不仅对他关怀备至，还从小就向他灌输一条教育真理："孩子，你长大后一定要努力成为一个依靠智力吃饭的人，不要像我这样勉强度日。"出于对父爱的感激和依赖，朱辉从小就将父亲的这句话奉为圣旨，坚持到2000年大学毕业。

毕业后，朱辉为了减轻家庭经济负担，先后在广州、北京等一线城市寻找工作，做过电厂杂工、群众演员、医院理疗师等多种工作。虽然大多是专业含量不高的体力劳动，其间也曾重病住院，但想到父母的养育之恩，朱辉一次次挺过难关，战胜了病魔。住院之后，他想到了自己最想做的工作：投身健康领域。一是源于自己的病痛经历，二是以此为平台，帮助父母解决健康问题。

从此，大健康行业有了朱辉的参与。他不断学习医疗企业的管理营销之道，并在2007年创立了自己的公司。这家公司经过多年发展，从最初单一宣传健康理念、传递健康信仰的企业，逐渐发展成为一个集研发、生产、销售于一体的集团公司。2016年，朱辉的公司成功上市，而他因对父母的孝心而创业成功的故事，也成为广为流传的美谈。对于孝心与创业之间的关系，朱辉有自己独到的见解。他说："选一行不弃，择一业终老，未来我将继续立足大健康产业，力争将中国健康品牌推向国外，成为民族企业的典范。同时，树理念、精科研、专质量、造人才，以胸怀天下、造福苍生的格局，让天下所有的老人都能够老有所依、老有所养、老有所乐，为天下所有因忙碌而无暇顾及父母的儿女献上一份孝心，切实还给所有老人一个幸福美满的晚年生活。"

母爱似水，摆渡我们驶向彼岸；父爱如山，支撑我们恪守信念！回顾我们的成功，父母之爱首当其冲。对此，你必须坚信：没有感恩的成功，是虚无的；没有孝顺的胜利，是荒诞的！

5. 爱伴侣：另一半的最高境界，
就是做好"助人型"的功夫

　　成功的人，无不是有爱的人，而且这种爱是一种突破格局束缚的大爱，而非那种斤斤计较、肥水不流外人田的小我之爱。孝顺父母，即便是不成功的人，也是必须恪守的天职。对于自己终生相守的另一半的爱，则更能深刻体现一个人的生活品位，甚至可以将其视为衡量成功能否持久的标准！

　　古今中外的成功人士，对待感情伴侣的好坏，特别是对原配发妻的恩泽多寡，往往与其事业的高度成正比。在这些对伴侣施予不同程度之爱的成功者中，大致可分为三种类型。你渴望成为哪一种类型，就决定了你事业的高度。

　　第一种是喜新厌旧型。这类人大多是偶得富贵的土豪、暴发户，一旦把握住崭新的机遇就会迅速发家致富，但致富之后的第一件事，不是善待妻儿，而是抛弃妻子另寻新欢。因为受困于酒色财气的骚扰和环抱，这样的人即便获得成功，也终将昙花一现，除了剪不断理还乱的家庭琐事之外，一旦成功之路稍有阻碍，必将遭受致命打击。

早年在乡下务农时，身材矮胖的祝涛（化名）深深爱上了村花阿英（化名），并对她展开强烈的追求攻势，光情书就写了50封之多。祝涛的死缠烂打最终得到了回报，阿英被他的诚意打动，不但答应了他的求婚，还用自己的积蓄和父母给的钱，帮助祝涛开了一个小工厂。祝涛有了这样一位旺夫的妻子，很快从一个一穷二白的农民变成了村头小老板。

随着收入不断增加，身价越来越高，祝涛有了自己的豪车和洋房，也有了和阿英共同的儿子。但同时他也有了外面的女人。

祝涛一意孤行，抛弃了这个给他带来无数机遇的阿英，和小三结婚。可是让祝涛万万没想到的是，这个小三不但水性杨花，还是一个彻头彻尾的心机女。在她的百般要刁和运作下，祝涛失去了对财务的控制。

情绪日渐低落，加上失去了贤内助阿英，祝涛经营小工厂的精力和能力大受影响，效益很快走下坡路，不久便以倒闭告终。

懊悔的祝涛不指望阿英能原谅自己，只想回去看看被他舍弃的妻儿，重温当年的温馨。谁知不仅阿英不愿见他，连他的儿子也对他百般嫌弃，大喊着说没有这样的父亲！

第二种是专注型。与喜新厌旧型的成功者相比，这类人有层次、有底线，成功之路虽然没有太多鲜花与美酒，却也一帆风顺或四平八稳。他们始终如一地爱着曾经相濡以沫的另一半，有福同享，有难同当。因为他们不会把辛苦积攒的钱财花在情人身上，所以在擅长赚钱的同时，更懂得积累。他们中有些人的确腰缠万贯，即便达不到这样的身价，提前奔上小康却绰绰有余，最重要的是值得尊重。

小米集团的创始人、董事长兼首席执行官雷军，是中国企业界一位毫不逊色于王健林、马云的风云人物。雷军很少出国旅行，同时性格低调的他，也很少在媒体露面。雷军越是低调，反而越发引起人们的关注。基于"每个成功男人背后都有一个默默支持他的女人"的观念，大家都认为他的妻子是一个很有背景，也很有智慧的女人。

当雷军妻子的真实身份被媒体曝光后，之前的种种八卦猜想很快销声匿迹。原来，雷军的妻子叫张彤，根本不是什么富家大户，也对雷军的事业并无特殊帮助，他们还有一个名叫雷怡欣的可爱女儿。也就是说，雷军能够在科技世界里独占鳌头，完全是凭借自己的努力，并把所有成果都奉献给了这个幸福的家庭。在一次学校家长会上，受邀演讲的雷军对自己的辉煌成就闭口不谈，言论最多的只有"要多陪孩子和家人，要和自己的孩子成为好朋友"。

第三种是助人型。这是成功人士中对待伴侣的最高境界、最值得景仰的一类，如果是女性的话，那简直就是万人追捧、千人思恋的大众情人！优秀的男人帮助妻子，无非是在衣食住行上让她少些负担和压力，多些温馨和浪漫；而强悍的女人帮助丈夫，则能让他事业上畅通无阻，甚至君临天下！所以，助人型的成功人士掌握着爱伴侣的最高准则，兼具上述两类人几乎所有的优点，因此最有机会名垂青史，甚至流芳百世！

美国总统克林顿的夫人希拉里是一个很不简单的女人，她既能在克林顿出现桃色绯闻后保持非同一般的淡定从容，更有能力在奥巴马即将卸任时与特朗普一争高下，竞选美国总统之位。可以说，克林顿能当总统，一半都是这个女强人的功劳。

据说，这对总统夫妻曾有一次开车闲逛，因油箱见底而停在一个加油站。当加油工人出现在希拉里面前时，她悄悄告诉克林顿，这个男人是她学生时代的初恋。克林顿听后十分得意："幸亏你跟了我，否则你就不是总统夫人了，而是加油工的老婆。"但希拉里却不吃这一套，她冷冷地回敬丈夫说："错了，如果我嫁给了他，他就会是国家总统，而你很可能是加油站里的小工！"

在上述三种类型中，最令人羡慕的莫过于"助人型"。实际上，另一半的最高境界，就是修炼成"助人型"的本事。但要达到这样的高度，必须经受住"喜新厌旧型"的考验，并逐层通过专注、博爱的人生考核，才能具备帮助另一半、"夫妻双双把业创"的本领。罗马城终究要一天一天地修建，我们成功的目标也要一步一步地实现。时刻牢记伴侣对你的好，为了你们将来的幸福，踏踏实实地做好工作，才能最终成为"助人型"的成功人士。完成这个过程，最重要的不是执行力，而是你那淡泊却又不甘平庸的心态！

6. 爱家族：光宗耀祖，成为家族骄傲

以爱为动力在成功的道路上前进，才能越试越勇，不断进步，频传佳绩。所谓"爱之初体验"，对象是自己的父母、伴侣及孩子。而这些爱交织在一起，凝结成的最高境界便是对家族深深的爱。在自己的家族中，你要在这种终极大爱的精神推动下，以光宗耀祖为己任，将成为家族骄傲作为最高奋斗纲领。

光宗耀祖，首先要时刻牢记祖上已有的辉煌，即便没有父辈的训诫，也应以此为榜样，奋起直追，恢复或超越当时的成功高度。

何鸿燊能够成为一代赌王，与他所出生的传奇家庭有着密不可分的联系。从何仕文创业开始，历经数百年的家族传承，何家在香港几乎拥有了"何半朝"的尊贵地位。香港商界有何启东、何甘棠等人，澳门政界有何贤等人。何鸿燊虽然一再声称自己是中国人，但他本人却拥有中国、犹太、荷兰和英国四个民族的血统。何鸿燊出生时，他的脐带呈白色，传说这是"帝王降临"的征兆。父亲因此对这个第九个孩子寄予厚望，在他的名字中加入了这个具有神秘色彩的"燊"字。

何鸿燊虽然含着金汤匙出生，早年和纨绔子弟并无二致，但

13 岁那年，何家在商场斗法中受创，一夜之间财富殆尽。父亲带着两个兄长不得不远赴南洋，为了经营新的生意，但更多是为了躲债。何鸿燊与母亲不得不离开早已抵押的别墅，搬进木棚居住。虽然经历了早年的坎坷，但一件小事彻底改变了何鸿燊往日的膏粱子弟生活，使他开始立志为家族的荣耀而刻苦学习。何鸿燊有一个做牙医的姑父，以往何鸿燊牙疼时，姑父总是给他无偿治疗。如今何家衰败，何鸿燊牙齿再不舒服，也只能置之不理。家族荣辱对自己带来的影响，给何鸿燊年幼的心灵以强烈震撼。自此，为了恢复家族逝去的光荣，他果断与学校里的狐朋狗友绝交，变得规矩听话，发奋读书，凭借优异的成绩考上了香港大学，并连续获得奖学金。

经过数十年的创业奋斗，何鸿燊虽没有成为"帝王"，却成了澳门的一代"赌王"。当有人问他成功的原因时，他会回答说："重视兄弟间和睦与家族间团结的传统。"可见家族荣辱感在何鸿燊心中的重要地位始终未曾动摇，而正是将光宗耀祖的使命时刻铭记在心，才成就了他今日在澳门博彩领域的伟业。

光宗耀祖，仅满足于"棍棒之下"的孝子之道是远远不够的，因为你不能只有爱的思想，更需要以爱的实力为依托，为自己的父母或亲族提供更为体面的生活环境。

"布什王朝"在美国政坛中逐渐成为一个备受关注的热词。美国历史上不仅有一对布什家族出身的父子总统，分别被称为老布什和小布什，如今还有一位小小布什也曾参与 2016 年的总统竞选。布什家族之所以能在这个民主观念根深蒂固的国度里享有"王朝"般的殊荣，追本溯源，这个家族也有着一段不可忽视的"光辉岁月"。

"布什王朝"有一个较为悠久的家族奋斗史：早在19世纪的美国东北部各大州，布什家族的政治生涯与经济事业就开始起飞。小布什的曾祖父是为这个家族奠定光荣与实力的开创者，他叫塞缪尔·布什，曾任俄亥俄州哥伦布巴克艾铸件公司的董事长，一度称雄于整个俄亥俄州的工商界。在塞缪尔的儿子中，普雷斯科特在兄弟姐妹中脱颖而出，他进军美国最大的金融阵地——华尔街，成为"布朗兄弟哈里曼"公司的第一大股东。而普雷斯科特的岳父——妻子多萝西的父亲乔治·霍伯特·沃尔曾于1919年在纽约创办了拥有多家子公司的投资公司，使得普雷斯科特的名望与成就较之其父有过之而无不及。

凭借强大的经济实力与崇高的社会地位，普雷斯科特和其他美国人一样，以商界为跳板开始对政界权力蠢蠢欲动。他于1952年出任康涅狄格州的联邦参议员，一直连任到1963年，直至越南战争爆发才选择功成身退。虽然没能像他的小布什后代一样上得越南战场，但他在政治领域的影响力却大得惊人，据说与至少15位美国总统有着千丝万缕的联系。原来小布什的这个爷爷酷爱打高尔夫球，在担任一家以高尔夫竞赛为主导产业的贝尔蒙特公司董事长的同时，还特意为国际高尔夫比赛捐赠了沃克奖杯。从1921年起，他花了整整两年时间兢兢业业地担任美国高尔夫球联合会主席，并专门设立了"沃克杯基金"，这成为英美两国业余高尔夫选手最渴望的荣誉——因为这个奖项只授予他们中的佼佼者。

可以说，普雷斯科特为美国高层社会带来了一种"高尔夫效应"。据统计，从当时的奥巴马算起向前列举的十八位总统中，有十五位都对这种颇具绅士风度的运动情有独钟。不喜欢这项运动的三位中，小罗斯福因身体残疾不得不坐在轮椅上，卡特则因以"平民总统"的身份当选，为维系其亲民形象而不得已为之，真正骨子里对其不感兴趣的只有一个——接替小罗斯福从副总统位置上转正的杜鲁门。

小布什的曾祖父、祖父和父亲都在美国社会上刮起了三股"布什风"，席卷美国的大江南北。小布什在这样一个三世为宦的特殊家庭中成长，为他波澜壮阔的一生，以及后来小小布什的崛起埋下了深深的伏笔。小布什从小就懂得体贴父母，虽然中学成绩平平，却以非同寻常的刻苦和努力"笨鸟先飞"，考上了耶鲁大学，并积极投身美国政坛。从初入白宫到当上总统，小布什的成功无疑与维系家族荣耀的使命感有着密切联系。

小布什虽已卸任，但晚辈小小布什很快在政坛上崭露头角。为了施展抱负，小小布什曾雄心勃勃地宣称："他也要像祖父、父亲和伯父那样走上美国政坛！"在一般人看来，这样的话语也许显得不够成熟，但小小布什内心深处那份不可替代的家族荣誉感却是显而易见的。

光宗耀祖，堪称一个成功人士"爱"的顶峰。当你成为家族的骄傲那一天，就意味着你的成功已经具备了名垂青史的资格！

7. 感恩，也是拥有百万大客户的秘诀

　　如何获得百万级大客户，几乎是每个商人都在追求的财富梦想。

　　对大客户保持感恩之心至关重要。大客户不仅是企业的重要合作伙伴，为企业带来大量业务和利润，同时也是企业品牌声誉的重要推动者。因此，企业应该珍惜与大客户的合作机会，以感恩的心态对待他们。

　　回顾我曾在一周之内获得百万财富的创业历程，给我最大的启示就是：以感恩之心对待百万大客户。

　　经商务必存有感恩之心，这是做生意必备的品质。感恩是一种美德，也是做好生意的重要前提。我们应该珍惜每一个合作机会，感恩每一位客户。

　　"双赢"和"诚信"是获得百万级大客户的关键，而如何帮助大客户获得更多利润，同样是我们发展业务的重要金钥匙。

　　开设网上书店能够赚取可观收益，关键在于营销策略、客户基础，以及坚持一分利成交和薄利多销的批发原则。

　　在寻找客户的过程中，要坚持"二八法则"。少数的大买家

能带来的百万财富和创造的价值，将远远超过大多数普通客户。

在电子商务时代，如何在网上找到大客户，是值得每个商人思考的问题，也应成为每个商人的战略重点。

其中，固然有运气的成分，但更重要的是诚信的力量。

在"无商不奸"的偏见中，商人似乎都给人留下道德败坏、唯利是图的印象。

然而，这种看法是错误的！

商人为社会提供优质的产品和服务，创造了大量财富，大多数商人都是推动社会经济发展的诚实劳动者和业界精英。

绝大多数商人都有自己的道德底线。商业建立在信任和诚实的基础之上。商人需要遵守法律、法规和商业道德规范，否则将面临法律制裁和商誉受损。商人们也注重商业伦理和社会责任，而不是一味追求利润最大化。

商业需要长期发展，需要与客户建立稳定的合作关系。商业的发展还需要创新和竞争力。商人们必须不断创新和改进产品与服务，提高竞争力，才能在市场上站稳脚跟。

那年我在一周内获得百万财富的创业过程中，我深切体会到"感恩"和"美德"就是赚取大钱的资本。

在获得百万大客户订单的过程中，我始终保持对客户的感激之心，时刻为大买家的资金成本着想，体谅他们的难处，思考如何实现共同获利，同时坚持一分利的基础上薄利多销……

这样，"在一周内轻松获得百万财富"就不是梦。不必在意他人如何看待你的事业，只要关注客户的评价即可。

在为百万大客户服务的背后，创业的艰辛和付出只有自己最清楚。

作为批发型网上书店，我们网站的愿景是"做中国最大的图书批发网站"。在这个宏大目标下，我们这家零库存的网上书店致力于在图书批发撮合交易中获取合理的差价。

"一周内收获百万大订单"的背后，虽然有居家办公SOHO创业的困难，但我们通过绝地求生、整合一切资源的创业精神，以及零库存的经营模式，向百万大客户展示了可靠的SOHO创业实力。

零库存的创业模式让我们能够"船小好调头"，将创业资本集中投到百度、搜狐、必应、雅虎、谷歌等推广渠道，做到资金用在刀刃上，在薄利多销中获得百万财富。

正是薄利多销的网上图书批发交易，让我们在激烈的市场竞争中占据一席之地；我们的"中间商模式"也赢得了厂家和大客户的推崇与尊重。

零库存低风险的创业模式使我们的SOHO团队能在百万现金货款结算中不断让利大买家，常怀感恩之心对待百万大客户，在成交百万大订单的背后，默默为客户付出。我们的不懈努力也得到了大客户的支持和回报，这些良好的细节共同成就了生意的成功。

简而言之，零库存网上书店就是赚取百万大订单的差价，在扣除营销推广获客成本和物流运输费用后，几乎是一本万利的生意。

如何获得百万大客户？每次成交的背后，都是客户对我们如同信徒般的信任和支持。他们在一周时间里持续不断地接下百万现金订单，如同维生素一般滋养着拥有客源优势的中间商。

百万大客户几乎在每次满意的交易后都成了我们批发型网上书店的忠实客户。虽然他们没有口头赞美我们的诚信和美德，以及我们每次成交后默默的付出，但他们用实际行动，不断以大额资金给予我们支持。

薄利多销的批发模式让我们在一周内就获得百万财富。成交百万大客户的重要意义在于中间商的胜利，在于经营广泛的流通渠道。在互联网时代的各种创业模式中，撮合出版社和百万大客户在网上贸易中获取合理差价的模式，是风险最低的致富之路。

货源优势和客源优势几乎是网上书店取得巨大成功的根本，因此网上书店也成了图书批发商和出版社不可或缺的桥头堡和战略要地。

"不断成交百万大订单，让网上贸易创造奇迹"，这已不再是一句空话。网上书店创业中最重要的价值观就是创新精神。正如亚马逊网上书店经营中最重要的是在不断变化的世界中坚持创新一样，在网上书店行业中缺乏创新，必将在互联网浪潮中成为匆匆过客。

最后，我想重申本节的主题：感恩，是拥有百万大客户的秘诀。

这也是我们网站不断发展壮大、拥有美好未来的基础。愿与广大同行共勉！

第七章

欲成大事，必先追随者众，聚齐"支持者"

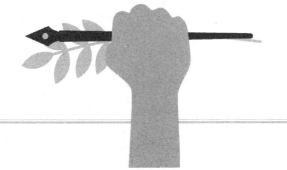

1. 时刻更新你的朋友圈

伊索寓言流传至今，依然脍炙人口。其中有一个故事特别引人深思。

一只漂亮的小鹿偶感风寒，不得不在家里养病休息。平日里喜欢它的伙伴们得知此事，纷纷前来探望。许多鹿围在生病的小鹿身边嘘寒问暖，同时享用着为它们准备的鲜草和水果。小鹿在朋友的关切问候下心情大好，感觉快要康复，便也想吃些东西。然而身边的美食都已被朋友们吃光，可怜的小鹿病情刚有好转，却因饥饿而不幸死去，实在令人悲叹。

有句话说得好：看一个人的实力，要看他面对的对手；看一个人的品位，要看他身边的朋友。一个人在追求成功的过程中，既需要修炼内功，也需要锻炼外功。实力的增长属于内功修炼，而外功的锻炼则主要体现在朋友的选择上。因为好的朋友，能够加速你事业的进步！

小米创始人雷军曾这样回忆自己的少年时期："我特别害怕落后，怕一旦落后就追不上，我不是一个善于在逆境中生存的人。我会先把一件事情想得很透彻，目的就是不让自己陷入困境。就是说，我是一个首先让自己立于不败之地，然后再出发的人。"雷军能够拥有如此早熟的想法，源于他的学生时代身边都是学霸精英。湖北仙桃中学的学生一直以好学上进著称。雷军清楚地记得："我们仙桃中学也挺厉害的。六个班的学生有十七个同学考上清华、北大，我高二的同桌考上了北大，高三的同桌考上了清华。"虽然雷军一直把苹果创始人乔布斯视为榜样，但成就他今天的身价地位，更应归功于学生时代那个充满强能量的"朋友圈"。正是在这个交际圈里，牛人云集给他带来的压力，让他时刻居安思危，最终成就今日大器。

　　实际上，无论是"近朱者赤，近墨者黑"的训诫，还是"染于苍则苍，染于黄则黄"的真理，我们都不得不承认朋友的影响力。当你明明很努力却总是达不到理想成绩时，你必须反思：有些朋友，也许是该换了。因此要随时更新你的朋友圈！

　　遇事不成功，首先从自己身上找原因，这是一个人理性的表现。但当自身问题已经解决，却仍然毫无进展时，就必须考虑客观因素了。朋友就是客观因素中最重要的影响元素。朋友圈好比磁场，不知不觉地吸引你，朝着或许并非你所愿的方向慢慢移动。日积月累，你就会逐渐被"同化"。所以，当你的朋友圈是一个充满负能量的磁场时，对你来说，适应力越强，可能造成的损害就越大！

　　广告创意行业聚集着众多精英人才。作为文案领域的核心职位，没有智商和专业技能的人难以立足，缺乏创新意识的人更难获得成功。在这个圈子里，有一位名叫 Angel Ye 的女士格外引人注目。在她 15 年的广告生涯中，她的成就令人瞩目，曾在奥美、

JWT、DDB、AKQA 等一流广告公司留下自己的印记。结束打工生涯后，Angel Ye 开始创业，与几位同事共同创办了一家广告创意公司。她似乎很快就要到达事业的巅峰。

然而出人意料的是，Angel Ye 很快选择离开了公司。她的离职理由是"人要为自己的快乐而活"。原来，当她满怀雄心地创办公司后，便投入到了繁忙的工作中。但她发现身边的同事们虽然勤奋，却缺乏才智，而广告创意恰恰最需要的是智慧而非单纯的勤奋。在公司里，她不得不与这些平庸之人天天加班，随着工作任务和压力不断增加，办公室里的抱怨声也越来越多，这让原本对工作充满热情的 Angel Ye 感到很不愉快。作为一个坚信"有能力的人不需要加班，也不会抱怨"的人，她毅然决然地选择了辞职。

我们常说："不怕像狼一样的对手，就怕像猪一样的队友。"这些"猪一样的队友"通常具有以下特征：第一，他们缺乏进取心。正如马云所说，人到中年不成功，往往是因为缺乏野心。当他们不断向你灌输"平庸主义"的价值观时，你与成功之间就会产生重重障碍。第二，当你遇到困难时，他们帮不上忙。这些人也许并非本性不好，但有限的才能、平庸的见识以及狭隘的眼界，最终只会让你失望。即便面临再大的困难，也无法指望他们。第三，当你遇到困难时，他们形同虚设，但当他们遭遇问题时，你却总是扮演着首席慈善家的角色——因为除了你，他们可能再无其他朋友！

当你身边出现负能量过重、表现出"垃圾人"特征的群体时，明智的选择是：趁他们还未在你的社交圈中形成气候之前，迅速远离他们的视线。否则，基本的幸福快乐都无法保证，更遑论追求成功！

这些应该及时疏远的伙伴，首先会损害你的身心健康，进而影响你的工作和事业发展。

2015 年的"世界无烟日"，湖北省武汉市的一位公交车司机引起了媒体的关注。这位名叫戴立清的司机对工作一丝不苟，认真负责。然而鲜为人知的是，戴师傅其实是一位身价千万的富豪。他选择成为一名公交司机，并非因为家道中落或生意失败，而是为了远离从前的酒肉朋友。

戴立清在生意场上一直很忙，但真正耗费他时间的并非商务谈判，而是与合作伙伴之间无休止的灯红酒绿生活。为了应酬，他不得不放弃陪伴家人，整日沉浸在烟酒之中，健康状况也日渐恶化。为了保持身体健康，戴立清决定脱离这个充满世俗气息的交际圈，于 2010 年带着妻儿从原居地搬到了武汉。为了彻底戒除烟酒，他不再经商，而是选择成为一名公交车司机。他认为，驾驶公交车需要极强的安全意识，既不能饮酒，也没有机会吸烟，这样就能从根本上戒除这两大恶习。几年后，戴立清与那些"老朋友"都断了联系，虽然收入减少了，但他再也没有碰过香烟，基本上也做到了滴酒不沾，健康问题也得到了解决。如今的他过着惬意舒适的生活，家庭和睦幸福。

这些本该远离的损友，如果不及时断绝来往，就会消耗你所有的潜力。只要及时切断联系，你就能获得一个全新的开始。

澳门赌王何鸿燊虽出身香港豪门，却正因为是含着金汤匙出生的富二代，在学生时代就被身边的狐朋狗友所误导，不仅学习成绩差，还经常做出一些令人震惊的荒唐事。他在这些朋友身边毫无节制地挥霍家财，有一次甚至差点因为朋友的怂恿丢了性命。在一次谈论游泳时，何鸿燊自诩游泳技术一流，便带着朋友们去河边展示潜泳技能。在浅水区，他的表现还算过得去，但当朋友们怂恿他游向河心时，技术不精的他很快就惊慌失措，险些溺水身亡。

后来何鸿燊家道中落，亲戚们要么远走他乡创业，要么因债务而逃离。他的父亲带着两个哥哥不得不外出谋生，母亲被迫变卖豪车别墅，搬进简陋的房子。何鸿燊这时才意识到自己在学校里的荒唐行为，为了获得奖学金帮助含辛茹苦的母亲，他果断放弃了与那些朋友的来往，专心投入学习。不到一个学期，他就扭转了糟糕的成绩，并在几年后考入香港大学，成为一名小有名气的"港大学霸"。

总而言之，这些应该远离的损友要么会损害你的健康，要么会让你感到一无是处。他们的存在只会扭曲你的价值观，让你离成功越来越远。当你选择离开的那一刻，即使没有什么重人发现，也会深刻体会到"低质量的社交，不如高质量的独处"这个道理。

2. 在"另一片天地"里汲取新鲜的空气

心灵是硬币的正反两面，置于阳光之下，纵然黑暗的一面朝下，光明的一面依旧闪烁耀眼。

梦想则如同大海上的一叶扁舟，在风浪中奋力前行，路过无数孤岛，终会找到适合停泊的港湾。

诚然，人生是由一个又一个十字路口组成的漫长旅途，每经一处，都充满着抉择与考验。然而许多人都忽视了一点：这种选择往往不是单一的，而是多元的。当我们在某个方向遇到困境，难以继续前行时，怯懦者会选择退缩直至放弃；倔强者则会执意前行，最终迷失方向，甚至失去自我。其实，人既不该怯懦，也要避免过分倔强。智者告诉我们，不妨暂时后退，寻找新的方向。

在中国财富家族榜上排名第 10 位的企业家，就是一位通过多次跳槽、最终选择创业并获得成功的典范。他在自己的公司拥有价值近 287.7 亿美元的股权。2013 年，他创办的公司总收入达 97.71 亿元人民币，同比增长 16.6%，实现净利润 44 亿元。其中，邮箱、无线增值服务及其他业务收入为 3.68 亿元，占总收入的 3.76%。

这位企业家就是丁磊，他创办的正是网易公司。

丁磊从小聪颖过人，对科技知识有着浓厚的兴趣。1993年，他从电子科技大学毕业，获得工学学士学位。凭借优秀的表现，丁磊顺利进入浙江省宁波市电信局，开始了他的第一份工作。

然而机关单位枯燥的工作很快让他感到厌倦。一年后，不顾家人的强烈反对，丁磊决定跳槽转行。1994年，他来到广州，加入新成立的广州Sybase公司。但在这个充满活力的企业中，他也仅坚持了一年。1996年，丁磊继续在广州发展，进入一家ISP公司，成为总经理的得力技术助理。在此期间，他开发的"火鸟"BBS成为他的第一个科技杰作。

但好景不长，由于激烈的竞争和昂贵的电信费用，ISP公司面临倒闭的危险。无奈之下，丁磊再次选择离开。

1997年，丁磊最终决定放弃打工，开始创业。受互联网启发，他萌生了创办网易的想法。最初将业务定位于BBS和个人系统，但因客户稀少一直处于亏损状态。他迅速调整方向，转向邮箱系统研发，并取得重大突破。短短数月，丁磊注册了一系列邮箱数字域名，获得浙江金华、国中网等大型企业的青睐。网易在邮箱系统上获利数百万元，不仅摆脱了初期的资金困境，还在1998年实现了400万元的可观收入。

通过三次跳槽，丁磊最终找到了自己的职业定位，在人生规划中获得了成功的回报。

当某处不再令人愉悦时，我们无需强留，而应开拓新的天地。每个人心中都应该有一片由梦想或理想构建的新天地。

投资大师、"股神"巴菲特也是因跳槽而成功的典范。1959年，他还是美国某律师事务所的资深律师。自哈佛大学法学院毕业后，巴菲特巳经从事律师工作 11 年。就在这一年，他在与客户交谈中发现了难得的商机，35 岁的他毅然放弃稳定的工作，决定在金融市场一展身手。

这次跳槽是巴菲特一生中唯一的一次，却也是最成功的一次。从此，美国少了一位默默无闻的普通律师，世界却多了一位举世闻名的股神。在这位股神的人生中，正是对"另一片天地"的无限期待，成就了他无与伦比的人生高度。

"另一片天地"时刻鼓励着我们改变现状。如果你在看似稳定的工作中出现以下两种情况，或许是该静极思动的时候了。

其一，你在现有单位业绩优异，已达到晋升的顶点，再无发展和提升空间。

毕业于武汉大学新闻传播系的刘一男，凭借出色的英语能力，成为新东方集团的优秀英语教师，主攻词汇教学。他给学生留下的最深印象是基本功扎实，语速快捷，稍不留神就可能跟不上他的节奏，但只要跟上就能收获颇丰。在新东方，刘一男兢兢业业，很快在众多英语教师中脱颖而出，成为最具影响力的词汇讲师。然而，他在新东方已达到业务顶峰，继续发展的空间有限，加上股权、保险和薪酬等方面的瓶颈，他在 2012 年毅然决定加入另一家大型教育机构——文都。虽然文都的规模不及新东方，但为刘一男提供了更自由、更广阔的发展空间，让他长期酝酿的研发想法终获实践机会。经过短期努力，他完成了从"新东方集团优秀教师"到"文都教育集团首席词汇师"的蜕变，也为文都带来了一批忠实的新学员。刘一男从巅峰时期的旧单位出走，在新天地创造了新的成就。

其二，你在公司中虽然很努力，但领导总是处处刁难，同事关系也不融洽，即便业绩不错，也应该脱离这样的环境。

美国著名的"石油大王"洛克菲勒年轻时就曾因与老板不和而选择离开。14 岁时，洛克菲勒全家搬到俄亥俄州，两年后他在 Hewitt & Tuttle 公司找到了人生第一份工作，担任书记员。尽管工作刻苦，月薪却只有 17 美元。工作一段时间后，他认为自己表现出色，要求加薪，却遭到无情的嘲弄与拒绝。盛怒之下，洛克菲勒辞去工作，19 岁时与克拉克等同事合伙经营农产品销售生意。

虽然农产品生意不错，但一年后当地发现石油的消息震惊全国。仍在为与前老板的争执耿耿于怀的洛克菲勒，终于找到了发家致富的良机。此后，他将毕生精力投入石油开采事业，成了 19 世纪享誉全球的"石油大王"。直到今天，洛克菲勒家族的石油企业在美国仍然举足轻重，在商界被广泛传颂。

生命如同天使背上洁白的翅膀，一只折断了，即便一时难以重生，却依然可以依靠另一半翱翔蓝天。这另一半翅膀，总被每位积极向上的人珍藏于心，时时含苞待放，刻刻开花结果。而折断翅膀上承载的所有不快与不悦，终将化作可有可无的养分，虽然残留心田，也不过是助力成长的笑谈与点缀罢了。

3. 真正的成功，必当是大多数人希望的结果

能够取得成功，对某些才智过人、意志坚定的人来说也许不难。但对所有奋斗中的人而言，真正的挑战在于：你渴望的成功，是否也是身边大多数人所期待的结果。

正所谓"得道多助，失道寡助"，如果你的成功建立在他人（尤其是家人、恩人或朋友）的痛苦和利益损失之上，这样的"成功"不过是虚无缥缈的幻影，要么是飘浮在空中的轻浮目标，要么是庸俗不堪的欲望，与理想相去甚远。正如星巴克创始人舒尔茨所言，真正的成功应该是一种可以与他人分享的财富。

因此，不同个体之间的成功应该是互利共赢的，必须摒弃"零和游戏"的思维模式。

明朝时期，两位年轻郎中叶天士和薛雪因相互鄙视而结怨。为了在医术上压倒对方，他们不仅疯狂钻研医学理论，还展开人身攻击。叶天士将书斋改名为"踏雪斋"，暗指要将薛雪踩在脚下；薛雪则将自己的村庄命名为"扫叶庄"，意在清除叶天士这个职业绊脚石。

两位青年医生积怨已深，但一次无意的援手最终化解了隔阂。

叶天士的母亲重病在床，连身为郎中的儿子也束手无策。一天正当他苦思良方时，有人告知：薛雪得知叶母病情后说，只要服用白虎汤就能很快康复。叶天士依言在母亲的药方中加入白虎汤，果然药到病除。他深受感动，意识到与其斗个不休，不如精诚合作，互学共进。于是他一面撤下"踏雪斋"的匾额，一面派人去薛家致谢并表达歉意。薛雪同样受到感动，认识到良性合作胜过恶性竞争。两人化敌为友，互相扶持，最终都成了一代名医。

叶天士与薛雪起初在行医路上举步维艰，是因为一方的成功会给对方带来损害；而当二人成为挚友后，不仅追求自身成功，还能将对方的成就转化为自己进步的动力。如此一来，两人的前途都变得顺遂，成功的道路也更加坦荡。

既然真正的成功离不开周围人的认可与期待，那么在奋斗崛起的过程中，我们就要不断拓展人脉，加深情谊，调和利益，最终实现所有人的成功共享。

就像那个寓言：猴子和小鹿为解决谁更有本领的争端，决定以比赛定胜负。大象制订规则：谁先跑到河对岸，摘下树上的果子带回来，谁就是赢家。小鹿善于涉水，却无法攀树；猴子擅长爬树，却不能渡河。两位对手达成默契：小鹿载着猴子过河，猴子摘下两枚果子，回到大象面前，两人都成了赢家。

由此可见，要验证你追求的成功是否符合大多数人的期望，关键在于衡量你的成功对大多数人而言究竟是福是祸。

柳传志和孙宏斌都是当代中国商界的成功人士，从辈分上讲，孙宏斌可谓柳传志的门生。孙宏斌为实现奋斗目标，前期曾经失败，甚至因涉嫌违法而获刑四年；后期虽然成功，却离不开柳师父的厚望。可以说，孙宏斌与柳传志之间的微妙联系，就在于他的成功是否符合柳传志的期望。

当年，联想在中国市场已是如日中天，而孙宏斌还只是一个刚从清华大学走出来的新人。尽管经验不足，但他充沛的干劲和出色的销售才能打动了柳传志。孙宏斌进入联想后不久，柳传志就将一个企业发展部门交给他，希望他能助力联想发展壮大。

也许是年轻气盛，孙宏斌的野心远超才能。接管独立的企业发展部后，他虽有一定感恩之心，却更多地在谋划脱离联想，想以新公司总裁的身份与柳传志展开商场竞争。他手下的许多员工也纷纷怂恿他另立山头。在这种氛围的影响下，孙宏斌产生了一个严重的错误念头：挪用公司部分资金谋求单干。所幸柳传志及时发现端倪并报警，孙宏斌因作案未遂而锒铛入狱。

四年后，孙宏斌出狱，创业之心已大不如前。带着前科的他，既难找到合作伙伴，也很难获得工作机会。正当他陷入绝望之际，柳传志再次伸出援手。柳传志不仅表示并不怨恨他，还慷慨地拿出 50 万元，鼓励他东山再起。孙宏斌感激涕零，重新开始奋斗，如今已在房地产领域功成名就，成了知名的"地产大王"。

孙宏斌可谓是"成也柳总，败也柳总"。他的失败在于不当行为损害了柳传志的公司利益；而他的成功则源于柳传志没有放弃这位曾经提拔的得力员工，始终秉持着"浪子回头金不换"的信念。

通过这个案例，我们可以得出结论：符合大多数人利益和愿望的成功才是值得追求的，才是有意义的；反之，就只是虚无缥缈的幻影，这样的"成功"不要也罢。因为真正的成功，从不与虚名相伴！

4. 公信力：编织"团队网"的第一要义

公信力，从某种程度上说，是个人软实力发展过程中必须拥有的王牌。它既是诚信的体现，也是成功的表现形式。政府或企业拥有公信力，就会获得基层民众的拥戴；个人拥有公信力，则意味着其团队实力已经无懈可击。因为公信力是编织"团队网"的第一要义。

《现代汉语词典》将"公信力"解释为"使公众信任的力量"。而在政治学领域，它更倾向于指"为某一件事进行报告、解释和辩护的责任；为自己的行为负责，并接受质询。公信力是指在社会公共生活中，公共权力面对时间差序、公众交往，以及利益交换所表现出的一种公平、正义、效率、人道、民主、责任的信任力"。

作为公司的一员，无论是基层员工还是高层经理，工作成功的最高境界之一就在于能够将个人品牌打造成公司的象征或代表，让顾客听到你的名字就蜂拥而至，用对你的信任为公司增光添彩。

要建立公信力，需要具备三个重要因素：

第一，基本的诚信意识。何为诚信？经济学家张维迎曾这样诠释："所谓的诚信，就是通过牺牲暂时利益，来获取长远利益的过程。"公信力以对顾客的诚信为基础，没有诚信，一切公信都是空谈。

香港首富李嘉诚特别重视诚信意识，他多次告诉员工："你必须以诚待人，别人才会开诚布公，别人才会以诚相报。"这种诚信意识的灌输从他创业伊始就已深入人心。他以"信誉第一，以诚相待，除此之外，别无他法"的理念打动合作商与客户，为日后的职场发展铺平了道路。

李嘉诚的第一次创业选择了他熟悉的塑胶行业。二战后，由于塑胶加工方便、价格便宜、耐用等特点，很快进入了年轻的李嘉诚的视野。1950 年，他用自己的积蓄和家人的部分赞助，创办了"长江塑料厂"，主营玩具和家具的生产与销售。

尽管工作艰苦，但由于订单众多，工厂效益一直不错，疲于奔命的员工也很少离职。然而，工厂为节约成本没有及时招聘更多工人，随着人手和订单之间的失衡日益严重，生产过程中开始出现粗心大意的问题，仓库中因质量问题积压的退货越来越多，甚至有供应商和客户上门逼债索赔。李嘉诚终于意识到追求急功近利、少出多进的错误，而员工们因过度劳累也逐渐滋生不满情绪。于是他公开向银行、原料商、供应商、客户等合作者逐一诚恳道歉，同时向银行请教化解企业危机的对策，承诺在规定时间内还清欠款。李嘉诚的诚实打动了这些合作者，他们最终携手帮助"长江塑料厂"渡过了这次债务危机。

李嘉诚的第一次创业，以"诚信"为基石取得了初步成功。然而，一些企业却因严重失信而面临倒闭危机。拥有 70 年历史的南京冠生园就是典型案例。2015 年 3 月，南京冠生园宣告破产，原因是使用陈年馅料制作月饼的丑闻被曝光。不仅月饼质量存在欺诈，连元宵、糕点等其他产品也都不同程度存在以次充好的问题。除了产品质量问题，"欠债不还"也成为该公司的另一大恶习。截至 2014 年，冠生园债务高达 2000 万元，仅欠工商银行和交通银行的贷款就近 600 万元。长期失信导致其市场战略被迫收缩，企业资产年年亏损，2015 年初仅剩 600 万元，除了申请破产别无选择。

第二个要素是优良的产品质量。建立诚信之后，打动客户的关键就在于产品质量的精良程度。只有优质的产品配合诚信，才能赢得客户的满意，建立持久的合作关系。

格兰仕副总裁陈曙明和他的销售团队为在上海推销格兰仕公司的高档微波炉付出了艰辛努力。最终的成功证明，优质产品在消费者中的受欢迎程度并不会因价格昂贵而受阻。

格兰仕是世界最大的微波炉生严商，其严品即便在美国也属于高端奢侈品。这样的产品要在中国销售，似乎会面临滞销风险。然而 1993 年，格兰仕还是将一万台微波炉运到了中国最具消费力的上海市场，准备一探究竟。这个重任落在了陈曙明身上。

面对巨大压力，很多上海商家望而却步，但陈曙明却迎难而上，坚信这种微波炉终会有市场。他带领团队用无偿服务打动商场经理，获得了 3 天的试销期。如果卖不出去，就必须下架。

陈曙明带领员工在一个小柜台开展销售，每天都在调整策略：前两天，他亲自站在柜台上用微波炉烤鸡，分发给顾客免费品尝，当顾客对烤鸡味道表示兴趣时，便趁机推销产品。但很多人只想白吃不愿购买，结果烤鸡送完了却一台也没卖出。到最后一天，陈曙明终于领悟到：上海人很懂生活智慧，不会仅因口腹之欲而大手笔消费。要说服这些精明务实的消费者，还得靠产品本身的质量说话。于是这一天，他让人带来水和米，在顾客围观时现场算起经济账：微波炉比液化灶省水，电费比液化气便宜，功能先进、设备齐全，在家里用既省时又省力，还能做更多事情。在陈曙明的悉心讲解下，一位顾客终于被说动了。虽然她没带够现金，陈曙明还是派员工将一台微波炉送到顾客家，在门口收取了第一台微波炉的货款。

从此，由于成功售出第一台产品，格兰仕在商场站稳了脚跟，并不断扩大柜台面积。随着上海经济发展，这种微波炉的销售也不再成为问题。在陈曙明的策略转变下，产品质量最终战胜了价格因素。高性能的产品质量，永远是赢得客户青睐的关键。公信力在市场上的体现，终究要靠质量说话。

第三个要素是应急应变的机智。当遇到意外情况时，懂得妥善处理可以在关键时刻化解危机。这种以机智为特色的公信元素是公信力体系中最具活力的部分，是前两个要素的有力补充。

有一位销售员的故事很能说明问题。他曾在众多客户面前兴致勃勃地推销一款钢化玻璃酒杯。当他准备通过摔杯来展示产品的坚固程度时，却不慎拿起了一个质量不合格的酒杯。"啪"的一声，杯子顿时四分五裂，如同天女散花。看到客户们露出嘲笑和质疑的表情，他立即机智地化解尴尬："各位请注意，刚才我用了一个劣质杯子做实验，就是要证明，这样的杯子我们绝不会卖给大家。"随后，他拿起一个确信质量可靠的杯子，重重摔在地上。看到酒杯完好无损，客户们转忧为喜，纷纷掏钱购买。这位销售员凭借沉着冷静，不仅没有失去客户，反而为公司创造了可观的销量。

更重要的是，应急能力不仅能赢得市场，还能得到领导赏识，成为公司的公关红人，提升个人价值。

晚清大太监李莲英就是一个善于逢迎的高手，深得慈禧太后信任。有一次，太后赐给宠臣亲笔题字，却不慎将"福"字的示偏旁写成了衣偏旁，多了一个点。正当全场陷入尴尬时，李莲英及时圆场："正是因为老佛爷看您忠诚，才特意多赐您一点'福'啊！"大臣立即心领神会，连忙表示自己迂腐，不配得到这额外的"福"，请求老佛爷赐一个普通的"福"字就好。就这样，尴尬局面迎刃而解。

总之，以集体的诚信为基础，以产品质量为关键，辅以个人的应急应变能力，就构成了企业公信力的"鼎足之势"。随着市场秩序日益规范、监管力度不断加强，公信力在企业发展中的价值必将更加凸显，在团队建设中发挥不可替代的作用。如果想在未来取得成功，就必须在提升个人软实力的过程中，做好恪守诚信、优化质量、提高应变能力这"三位一体"的战略规划，既为公司品牌增添影响力，也为个人发展开辟良性通道。

5. 戴着人脉的光环，奔向成功的顶点

摆脱负能量朋友圈，你的成功之路就少了障碍；结识新的朋友，你的生命中就多了贵人；遇到旗鼓相当的对手，你就能保持紧张备战的状态，不再安于现状。然而要想取得成功，还有一种极其重要的资源需要开发积累，那就是不断扩充你的"人脉"。有了"人脉"这道光环，你才能更体面地迈向成功的顶点。

打造个人"人脉"，首要任务是尽早融入群体，与同事打成一片，而不是特立独行、自成一派。只有先建立起庞大的交际网络，才能有序开展工作计划，也更容易赢得领导的信任和器重。

英国商业巨头理查德·布朗森认为公司的经营离不开牢固的人脉。他在文章中指出："公司成功与否全靠人脉。我们维珍集团招聘时从不用'打通内外关系'来描述职位，因为我们的所有员工都具备这种能力。正是这一点帮助维珍拓展到音乐、移动手机服务等众多产业。"王兴也正是因为重视人脉，才能在多次创业中屡获成功。他自己总结道："从校内、海内、饭否到美团网，我一直在利用人际关系传播信息。只是以前做网络社交平台，现在做电子商务的应用。"

在将布朗森的交际理论付诸实践方面，除了王兴，还有著名华商李嘉诚。李嘉诚幼年失父，15岁就不得不辍学打工，最初过着贫苦生活。但他在茶馆当跑堂时，始终对他人保持友善，终于赢得了表妹庄明月的好感。二人后来喜结连理，李嘉诚的人生从此发生飞跃。庄明月出身香港富商之家，李嘉诚也从一名打工仔成长为香港最大的塑胶花制造商。

当李嘉诚的商业之路起步后，他更加注重扩大交际圈，希望在香港建立庞大的伙伴网络。庄明月是他的第一位贵人，之后结识的汇丰银行董事长沈弼与他建立了深厚友谊。1986年沈弼退休时，李嘉诚送了他一尊一米高的纯金复制品表示诚意。沈弼感念之余，将和记黄埔地产的大部分控股权售予李嘉诚，使其在香港房地产开发领域取得巨大成就。无论是电力、交通、通信，还是零售，李嘉诚在香港各行业的垄断性资源，都源于他在试水初期主动寻求伙伴，在人脉网络中寻找对自己有利的贵人。

与团队多数人熟络后，还要努力提升自己的硬实力，逐渐成为影响全体的"鲶鱼"，为集体带来良性的"鲶鱼效应"。

"鲶鱼效应"是一个经济学术语，源自渔业捕捞活动中的现象。西班牙渔民喜欢捕捞沙丁鱼供应市场，因为当地居民爱吃这种鱼。但沙丁鱼生命脆弱，离水后很快失去活力，运到市场就会死去。许多渔民虽然捕获大量沙丁鱼，却因死鱼价格低廉而只能勉强温饱。相比之下，一位经验丰富的渔民总能将活鱼带到市场，以高出一倍的价格售出。这位已成为富翁的老渔民临终前才将秘诀告诉儿子：沙丁鱼的天敌是鲶鱼，在装满沙丁鱼的水箱中放入一条鲶鱼，沙丁鱼就会因恐惧而四处游动，一箱死气沉沉的沙丁鱼就能被轻易激活。

"鲶鱼效应"应用到经济和企业管理中时，"鲶鱼"泛指那些能力突出、能带动全体工作激情的人才。

河南黑马动物药业有限公司（简称黑马公司）就是一个很好的例子。该公司虽然在2010年创办后一度盈利丰厚、声誉良好，但到2012年后，随着经济政策调整陷入发展瓶颈，人才大量流失，面临财政赤字，甚至倒闭的危险。销售不景气导致人才流失严重，加上未能及时重视人才培养和引进，到2013年底，黑马公司情况更加危急。

2014年初，河南禹州的天源集团及时收购了黑马公司。天源董事长郭建钊虽然看到了黑马公司的困境，却有信心让它重获新生，他的"法宝"就是大量引进技术人才。

实际上，郭建钊仅引进两位技术人才就帮助黑马公司实现了复兴。一位是国家新兽药工程重点实验室的梁建平主任，他回忆说："看到这个集团如此重视人才，我被他们的诚意打动了。"2015年加入黑马后，梁建平专注于医学产品研发。适逢屠呦呦团队因发现青蒿素治疗疟疾而获得诺贝尔生理学或医学奖，梁建平与时俱进，致力于青蒿素的深入研究。有了新的科研项目，黑马全体员工为之振奋。

专家张志东教授是郭建钊引进的第二条"鲶鱼"。他进入公司后，也和梁建平一样专注于新产品研发，使黑马公司如鱼得水。2016年后，在两位生物医药人才的推动下，黑马公司重新崛起，不仅市场效益得到复苏和发展，还衍生出新的姊妹公司——禹州市天源生物医药科技园。在两位人才的带动下，天源集团正在建设全国乃至全球最大的青蒿素生产基地，发展势头强劲，前景广阔。

以积极的心态和情绪参与其中，你的激情和动力就会源源不断，最终获得成功的青睐。值得注意的是，"积极"参与是智商与情商并重的过程。全面发展自身的人脉和实力，才是"积极参与"的最佳模式，你才能成为一条永远充满活力的"鲶鱼"。

总之，有了"人脉"这道光环，成功的天空才会更加璀璨！实际上，真正的成功之路，都是以信念为起点，以热情和决心为动力，以自我革新为推动力，以专业能力和内心的"爱"为双轨，最终在"人脉"光环的照耀下，一路前进到达终点。每个人要想成功，都需要修炼这些本领；缺少任何一个环节，都如同彩虹失去一种色彩，虽然悬挂天边，却已失去生机。

6. 以利相交，利散人分；以情相交，情断人绝；以心碰撞，方可生生不息

一个人的成功，终极追求虽然是广泛组织团队，聚集自己的同路人，但若不知如何长久维系，成功仍有得而复失的危险。

要延长成功的寿命，如何巩固辛苦经营而初具规模的交际圈呢？答案是：以心碰撞。只有心诚，关系才会更加融洽，感情和事业才能更加长远。而单纯以利益或情谊维系的感情，终究经不起现实风雨的考验。

总之，可以归纳为：以利相交，利散人分；以情相交，情断人绝；以心碰撞，方可生生不息。

以利相交必将利散人分。过分看重利益而轻视感情的人，只能在短暂的"现用现交"中维持关系，一番折腾之后终将孤独，而孤独的人必定与真正的成功无缘。

以情相交，情断人绝。即使重视感情却未能达到"将心比心"境界的人，虽然能凭借自身的辉煌历史或其他优势赢得他人好感，但一旦私心作祟而产生嫌隙，你的朋友体系就会出现可能崩溃的隐患。

伊索寓言中有这样一个故事：一头驴子为了讨好百兽之王的狮子，主动邀请狮子一起去狩猎。驴子告诉狮王说，在某处草地上住着一群山羊，它与这群山羊是好朋友，经常被邀请一起在那里吃草，因此熟知它们的作息时间。按照驴子的指引，狮王捕获了许多山羊。驴子自以为立了大功，便去向狮王请功求赏，却被狮王以不能亲自狩猎为由拒绝。驴子不仅没有从狮王那里得到任何好处，还在食草动物群体中失去了信任，最终在孤独中度过了漫长的后半生。驴子与山羊之间的友情正是如此，没有真诚的心灵沟通，仅仅建立在同吃同喝的基础上，只能算是酒肉之交。在任何人的朋友圈子里，这种肤浅的关系终究会给你的团队带来毁灭性的打击。

唯有以心相交，方能生生不息。心灵相通的必然结果是，即便身处对立阵营，彼此间的情谊依然不受影响。如此一来，你的朋友网络便能获得非同寻常的广度。

魏末晋初，有一对好友分别效力于不同的国家，他们亦敌亦友的关系成为后世美谈。这对好友就是西晋大将羊祜和东吴都督陆抗。

公元263年至266年间，司马家族势不可挡，先后消灭了蜀汉帝国，继而取代曹魏，建立了志在统一天下的西晋王朝。羊祜是晋武帝司马炎麾下的一员大将。为了国家统一，他立志灭吴，多次建议晋武帝发兵南下。

东吴虽然国力已不及孙权时期，但因有名将陆抗坐镇，仍然能够阻挡晋军的进攻。羊祜在西陵战役中甚至败于陆抗之手。然而胸襟宽广的羊祜钦佩陆抗的军事才能，颇有惺惺相惜之意。当他得知陆抗生病时，非但没有趁虚而入，反而派人送去药物，还附赠了自己钟爱的陈年老酒。陆抗对羊祜深信不疑，毫不担心这是毒药或毒酒，安然服用后很快康复。

几年后陆抗去世，羊祜继续率军征讨东吴。虽然他在灭吴之前就已离世，但为西晋军队开辟了极为便利的南下路线，为国家统一奠定了坚实的军事基础。值得深思的是，西晋的统一最终昙花一现，而羊祜与陆抗之间的佳话却流传至今。这是因为二人做到了以心相交，使得他们之间的友情经久不衰。

因此，长久的朋友关系，其维系的动力不是简单的利益，甚至也不是一时的情投意合，而是源于心灵碰撞所产生的真挚情谊。对待团队中的每一个人，都应以真诚相待，如此你便能在这个团队网络中居于核心地位。人生的成功与荣耀，必将属于你！

附录 1

财富的管道，
网上书店寻找利润的策略

1. 全民上网，网上创业致富遇上好时代

利润是企业生存的命脉，网上书店行业同样需要明确的盈利策略。

在图书批发行业中，最重要的利润来源是持续开发图书销售的差价空间。通过提供500万种正版图书的在线特价销售，网上书店可以面向全球约80亿人口的庞大市场。为了在这个领域获得成功，网上书店经营者必须具备创新意识，并不断更新经营方案。本章将详细阐述如何在信息爆炸时代顺应潮流和消费者心理，在网上书店行业中找到商机。

互联网创业并不缺少致富机会，关键在于发现这些机会的眼光。在大众创业、万众创新的时代，电子商务已成为最大趋势。正如阿里巴巴创始人马云所说："现在不接受电子商务，将来将无商可务"。

2. 图书，是非常适合在网上销售的产品

随着互联网的迅猛发展，网上购物已成为人们日常消费的重要方式。尼尔森等权威调查机构的研究表明，在中国9.7亿网购用户中，近60%的人首次网购选择的就是图书。这种现象印证了图书与互联网的完美契合。亚马逊的成功经验告诉我们，图书产品因其独特性、内容价值及运输过程中不易损坏的特点，成为最适合网络销售的理想商品。

在浩瀚的互联网世界中，全球最大网上书店亚马逊创造的商业神话，正是源于选择了最适合网络销售的产品——图书。不仅是亚马逊，当当网等互联网巨头也都是从图书销售起家。许多企业家通过经营独立网上书店，面向全球市场，获得了持续稳定的现金流，完成了原始资本的积累。

当当网的发展历程很能说明问题。正是由于其网上书店的成功经验，才为后来开设综合性的当当百货商城奠定了坚实基础。如果没有前期在图书领域的成功积累，当当百货商城很难取得今天的成就。

分享是互联网的核心精神。以亚马逊为例，全球用户只需访

问 amazon.com，就能免费阅读电子书的部分内容。虽然亚马逊已逐步减少纸质图书业务，但其电子书销售服务仍面向众多客户。

尽管电子书付费阅读逐渐成为潮流，但传统的纸质图书网上书店仍具有其独特价值。电子书虽然价格较低，却无法完全替代纸质书带来的翻阅体验和实物感受。京东和当当网的图书销售数据显示，每年仍有数千万新增图书购买用户。当当网在追求利润的同时，也注重提升用户体验，通过个性化图书推荐、在线试读等人性化服务，同时经营电子书和纸质图书业务，满足不同读者的需求。

3. 创业伊始，自由是我的理想创业状态

SOHO 是 Small Office 和 Home Office 的缩写，即家居办公，主要指自由职业者，包括自由翻译人、撰稿人、平面设计师、工艺品设计师、艺术家、音乐创作人、产品销售员、广告制作者、服装设计师、商务代理、期货交易员和网站开发者等。

SOHO 族以其自由、浪漫的工作方式吸引了众多中青年人的加入。与传统上班族相比，SOHO 工作者可以自由选择工作地点和时间，收入也取决于个人能力。正是这种自由带来的不确定性，使得 SOHO 生活充满挑战性。

这种工作方式特别适合那些从事信息制造、加工和传播的职业，如编辑、记者、自由撰稿人、翻译、软件开发人员、网站设计师、艺术工作者、财务人员、广告和咨询从业者等。这些工作大多可以在家中独立完成，或通过网络协作实现。

SOHO 不仅是一种工作方式，更是一种时尚、轻松、自由的生活态度。它可以是专职，也可以是兼职。我们更愿意将 SOHO 理解为 Super Office (and) Human Office，即超级的、人性化的办公室。

经营网上书店是 SOHO 模式中一条快速致富的途径。2004 年我开始网上创业时，当当网即将被亚马逊以 1.5 亿美元收购的消息引发业界轰动。经过慎重考虑，我认为图书因其运输过程中不易损坏的特点，加上销量大、适合薄利多销的特性，最适合网上批发。

创业初期，我的 SOHO 团队推出了一个较为简陋的网站。当时出版社普遍要求每种图书最低进货 10 册，而我们接到的多是少量多品种的零售订单。经过半年的零售测试，我发现小型 SOHO 团队难以应对大量零散订单，且库存压力巨大，必须寻求创新突破。

对我而言，网上创业最大的收获是成功将网站转型为新书特价批发平台。这种自由的居家办公模式虽然不适合所有人，但它确实是我理想中的创业状态。我很推崇这种舒适的工作生活方式，也希望我的经历能给大家一些启发。

4. 网上书店如何寻找目标大客户

2004 年 1 月，我创办独立网上书店时，就专注于开拓企业团购市场。我们主要针对经济管理类和计算机类图书，特别关注那些易于获得高校和企业团购订单的品类。我们参考亚马逊畅销书排行榜前 500 名的图书作为团购产品基础。

网上书店的优势在于能让大客户快速下单，有利于开展批发业务，从而通过大量销售获取利润。在营销推广方面，我们选择在谷歌、百度、雅虎、必应、3721 等主流搜索平台投放广告。为提高客户下单效率，我们采取了两个关键策略：一是专注于经管类和计算机类图书，二是转型为特价书批发业务。

2005 年是特价书批发行业的巅峰时期，许多民营特价书批发公司频频获得 3000 万元以上的大额订单。特价书批发利润丰厚，尤其是图书馆装备订单动辄超过 3000 万元，教育局招标项目也常有 500 万元以上的订单。2005 年至 2015 年是特价图书批发的"黄金十年"，特价图书批发、图书馆装备、教育局配书等领域的企业从大客户订单中获取数十万至数百万元的利润。

在这个"黄金十年"里，我们投入 18 万元改版升级网站，全面转型为批发业务。我们的 SOHO 团队在各大搜索引擎平台投入 25 万元推广费用，几乎垄断了"图书批发""特价书批发""图书馆装备"等关键词的排名，长期占据搜索结果首位。这使得我们每天能从各搜索平台获得 3000 多个高质量的特价书批发客户访问量。

我们的网站成为连接出版社和特价书批发大客户的重要桥梁。我们掌握着出版社 80 万种图书的货源信息，同时拥有出版社和图书厂家急需的客户资源，能帮助他们快速销售库存的优质新书和特价书。目前，我们为多家出版社持续匹配大量采购需求，源源不断地带来数万至上百万元的特价书批发订单。

5. 暴利的基础，其实是经商中的诚信和微利

在电子商务领域，诚信是企业的生命线。客户访问我们的图书批发网上书店时，可以看到大量客户案例、诚信经营的真实故事。我们承诺，如果图书在物流过程中发生破损，将无条件更换同等质量的新书。对于急需的订单，我们会采用快递发货，始终把客户的需要放在首位。

我们始终秉持"以客为尊、极致诚信、高效服务"的经营理念。我们欢迎客户提出意见，理解客户讨价还价的需求，也愿意为客户提供最大限度的优惠。正是这种服务态度，使得许多客户持续向我们下达数万元乃至数十万元的特价书订单。

在客户服务方面，我们不仅保持超高效率和百分之百诚信，还特别注重细节：定期关心客户的经营状况；如果与客户约定拜访时间，即使遇到大雨也会准时到达，而且提前 5 分钟到场。

我们坚信"薄利多销"的经营之道。作为大型批发网上书店，我们通过合理定价和大量采购，让出版社能以新书特价或正版优惠的方式向我们供应库存图书，我们再以微利润的方式销售给全国各地的书店、书商和图书馆。正是这种"薄利"策略成就了博

书在线，让出版社积压半年甚至一年多的库存图书，通过我们的渠道变成了全国热销的特价书。

　　我们的特价书批发业务毛利率可达30%以上。曾经有客户一次性支付100万元订单，我们本可获得30万元以上的毛利，但为了维护长期合作关系，我们大幅让利，最终只获得约23万元净利润。这种让利行为赢得了客户的高度认可，为后续更多大额订单奠定了基础。

　　在网上书店经营中，细节决定成败，诚信创造销量。只有让客户实现盈利，帮助客户获得利润，才能通过大量销售确保每月百万元人民币的稳定现金流。

6. 三个专做"一分利"生意的成功案例

这里介绍三个专做"一分利"生意的经典成功案例。

第一个案例是专门经营牙签批发生意的李先生。牙签属于微利商品，每售出 100 根只能赚 1 分钱。但李先生经过细致计算发现，虽然利润微薄，但每天批发 10 吨牙签，就能获得 2000 元利润。这样算下来，一年可以净赚 73 万元。

第二个案例是一位袜子批发商。他只有一个 7 平方米的小摊位，每双袜子只赚 1 分钱。但由于坚持薄利多销的经营策略，他每月能销售 70 万到 80 万双袜子，年利润达 9 万多元。

第三个案例是一位姓王的老板，他专门生产无顶太阳帽，产品全部销往沃尔玛在欧洲的市场。他坚持每顶帽子只赚 1 分钱。虽然工厂规模不大，但开足马力后，每天可以生产 20 万顶太阳帽。正是因为把利润控制得很低，为顾客提供了优惠的价格，使他在沃尔玛市场稳固地占据了一席之地，并获得可观收益。

这三位经营微利商品的商人最终都成了成功人士，其经营之道显而易见。批发生意的"一分利"模式，正是迎合了顾客精打细算的心理，以微利换取诚信和口碑。我们网上书店也坚持这一理念，始终以客户为重，致力于做好出版社与书商、书店之间的桥梁，通过微利批发来开拓更广阔的图书流通渠道。

7. 新的掘金点：一手特价图书货源

　　由于选题重复、品种过剩、市场竞争激烈等因素，优质图书的出版难度日益增加。近年来，尽管图书市场繁荣，但大量跟风炒作和平庸之作的涌现，使得投资人、出版人、发行商和书商青睐的有价值的原创图书越来越少。在每年新出版的约 20 万种图书中，单品种图书的经济效益和市场影响力持续下降。大量图书滞销或销售缓慢，而图书大规模销售的流通渠道成本也不断攀升。

　　几乎每家出版社每年都面临着数千万元的图书滞销和库存压力。几年前出版社争相出版的数百种畅销书，如今在激烈的市场竞争中出现滞销，甚至只能成为库存。每种图书都有数千册到数万册堆积在出版社库房，而在北京，出版社的库房租金极其昂贵。即使是经营状况良好的国家级出版社，也无法避免大量库存压力。不同的是，有些出版社库存相对较少，比如 2024 年的新书比三年前的库存图书销售周转更为灵活；有些出版社拥有更多自有销售渠道，得以缓解库存压力。

　　基于这种状况，一些出版社为了回笼资金、降低运营成本，开始清理和低价处理库存旧书，以减少库存量，节省库房租金。

一些三年前出版的畅销书和精品图书，由于时过境迁已经滞销，出版社只能采取低价、特价、微利等优惠方式处理。这些特价图书往往只有通过出版社编辑部、发行部等源头渠道才能获得最优惠的价格。

8. 量大是赚钱的关键按钮

在实体书店普遍经营困难的背景下，特价书店异军突起。以上海为例，福州路、南京西路的特价书店遍地开花，数十家特价书店的每日营业总额远超上海书城等新华书店系统。这些特价书店以 2 折到 5 折的价格大量销售新书和特价书，并通过网上书店、淘宝店、天猫商城开展电子商务。

特价图书在过去鲜为人知，如今已为大众所熟悉，但评价不一。特价书是全新的正版书，不一定是旧书，但这里的"全新"概念略有不同。一般来说，折扣较低的图书品相可能不够完好，会有些许灰尘。近两三年来，特价书分为普通特价书和新书特价书两类，书商将较新或品相较好的畅销书归为新书特价销售。特价书品相的好坏主要取决于存放条件：散装图书因多次拆包、搬运、摆放等环节，可能显得较为陈旧；而原包装图书的品相与新书基本无异，只是可能带有特价标志。目前市场上还出现了一种新型特价书，是书商与出版社合作推出的新书，以特价形式销售，但定价相对较高。

国内出版社每年都会因题材重复、发行渠道受限等原因新增数千万元库存。对于出版社每年数亿元的产值而言，这些库存似乎"无关痛痒"，因此常以废纸价处理。虽然这种做法会造成亏损，但读者受益，这也是市场化的必然结果。即使经营状况良好的出版社也会有库存，只是数量较少，每种书几百到上千本。我们公司掌握了 500 多家出版社每年处理的正版、全新、特价图书的第一手货源，因此能够提供极具竞争力的批发价格。

特价书是互联网上最具盈利潜力的产品之一。图书馆装备采购、各地教育局招投标、特价书展会及特价书店批量采购，是特价书批发电商网站每月实现百万销售额的重要渠道。

网上书店从零售向批发转型，主要面向 20 万所大中小学校长、600 多个城市教育局局长和全国 3000 多家图书馆这些重要客户。从面向 14 亿购书客户群体转向百万级批发客户，这一转型过程确实存在阵痛。图书批发和零售市场泾渭分明。值得注意的是，全球最大的网上书店亚马逊在 2019 年停止了在中国区的纸质书销售。目前，当当网已成为华人世界最大的网上书店，但每年新增客户达上千万，这印证了"聚沙成塔"的经营智慧。

如何在网上书店批量销售特价书，是电子商务创业者永恒的课题。研究网上书店行业可以得出结论：特价书批发主要面向图书馆装备、各地教育局招投标、特价图书书展、书店批量采购、企业阅览室和军队阅览室等渠道，这些都是网上书店获得大量资金流的关键。如果批发型网上书店缺乏创新精神和与时俱进的眼光与胆识，必然会遭遇创业失败。

想要在这一领域取得成功，批发型网上书店必须具备破釜沉舟的决心。我们开创的是批发行业的电子商务模式，与京东商城、当当网这类每天拥有约 500 万独立访客的平台不同。我们经营的图书批发网站,每天可能只有 500 个独立访客,虽然客户含金量高,但缺少像京东、当当、亚马逊那样庞大的日访问量。对批发型网上书店来说,每天都需要努力奋斗,否则就可能陷入资金困境。我们必须在挑战中寻找机遇,争取让网上书店每月实现 100 万的资金流,迈向成功。

要让网上书店获得可观的资金流,需要以下条件:

— 至少拥有 3 万元银行存款作为启动资金

— 制订详细的网上书店推广方案

— 与 500 多家出版社建立合作,获取每月最新的八十万种以上特价正版图书,每种库存量需达到 1 万册以上

— 精选约 8000 种超级畅销书,用于投放杂志、网络、地铁和报纸广告

— 购买全国 500 多家出版社的新书样本各一册进行研究

— 在《读者》《女友》《知音》《家庭百事通》《当代青年》等高发行量杂志的封二、封三投放整版图文广告

以居家办公小团队创业为例,通过在上述杂志投放广告,销售如昆仑出版社出版的《实用投稿大全》(定价 120 元,采购成本 10 元)等精选图书,可以快速带来可观收益。

在特价书批发行业中,选书至关重要。如何从 580 多家出版社提供的书目中选择具有高利润、大销量的特价书,需要专业判断。每年出版社新书品种约 15 万种,对于走 1 折处理的新书特价渠道,独立网上书店必须具备战略眼光,制订有效的推广和销售方案,走批量批发的盈利模式。

虽然当当网作为全球最大的中文网上书店，每天拥有数百万独立访客，但其零售模式面临着人力成本、仓储成本和物流成本等挑战。相比之下，批发型网上书店更需要保持谨慎务实的态度，避免故步自封。

要在一个月内获得100万资金流，必须合理使用资金。百度竞价推广，搜狐、雅虎、谷歌、脸书、必应等平台的推广费用不能省，因为获取优质客源是网上书店生存的关键。诚信是网上书店的生命线，绝不能做一锤子买卖。即使资金周转困难，也不能拖欠出版社和客户的款项。如果出现延期，必须支付合理利息。

在网上书店经营中，样书赠送要针对目标客户，通过详细的会员注册系统进行管理，防止竞争对手捣乱。从我的经验来看，一位刘姓客户为我带来100万现金流的案例充分说明：以客为尊、极致诚信、高效服务、理解客户需求是成功的关键。我们允许客户提出意见，接受议价，申请最优惠价格。正是这种服务理念，使得这位客户持续下单，从几万到几十万不等。

作为小型居家办公创业团队，批发客户是我们的立足之本。我们努力为客户创造价值，通过独立网上书店获取优质客户资源，赢得580多家出版社的认可与尊重。团队建设尤为重要，特别是销售团队。我们采用底薪4000元加提成的薪酬制度，约需30人团队规模。对月销售额超过100万的员工，提供5%的提成。我们的运营模式类似房产中介，通过价差和信息差异化服务获取利润。

以刘经理的百万订单为例，虽然可以获取30%以上的毛利(约30万元)，但我们选择薄利多销策略，最终实现23万左右的净利润。

这种合作模式为后续带来持续的 5—8 万元订单。细节决定成败，诚信决定销量，实现双赢才能确保持续的现金流。

在服务过程中，我们注重：

- 提供无瑕疵的产品

- 保持超高效率

- 维持 100% 的诚信度

- 定期关心客户经营情况

- 严格遵守约定时间

- 承担物流费用

- 现场协助清点货物

- 及时处理质量问题

刘经理是沃尔玛、亚马逊的超级卖家，在特价书销售和图书馆装备领域深耕 18 年，年获利超 2000 万，销售码洋达 3 亿。他的成功来之不易，曾经历过住地下室、车库的艰苦创业期。他特别认同我们的经营理念，是我们网站 Sohozones.com 的忠实读者，经常研读网站内容，学习创业经验。

9. 网上书店寻找利润的策略

在网上书店行业，获取利润的关键策略是不断开发图书销售差价。经营网上书店必须具备创新意识和与时俱进的发展方案。从全球最大网上书店亚马逊的成功经验可以看出，图书是最适合在互联网上销售的产品之一。亚马逊、当当网等互联网巨头都是从网上书店起家，通过面向全球市场获得持续稳定的现金流，实现了原始资本积累。比如当当网，正是依托网上书店的成功，才得以向综合性电商平台转型。互联网的精神在于分享，让全球80亿人口实现互联互通。以亚马逊为例，用户只需输入amazon.com就能访问其网站，免费阅读电子书片段。虽然亚马逊已逐渐告别纸质图书销售，转向电子书业务，但在内容为王的互联网时代，付费阅读电子书已成为重要趋势。然而，传统网上书店依然具有其独特价值，纸质图书能带来与电子书截然不同的阅读体验和实物触感。

京东和当当网每年都吸引数千万新增购书用户，不仅注重利润，更致力于提供优质的购书体验。在浏览当当网上书店的图书商品时，网站提供了智能化的图书推荐系统、在线免费阅读样章服务，并实现了电子书与纸质书的双线销售模式。这种贴心的人性化服务极大地提升了用户的购书体验。在网上书店行业，如何提升网站访问量、实现每天大量独立访客的目标，是企业家必须投入资金解决的关键问题。要想获得如此庞大的浏览量，需要书商深入思考并制订有效的推广策略。

天下没有难做的生意，但同时也没有做得完的生意，这一点在网上书店领域尤为明显。即使是国内最早的独立网上书店当当网，也面临着来自京东、新华书店、淘宝、天猫等平台的激烈竞争。当当网在全球网站排名中并不突出，同样需要持续争取流量，不断开拓客源，特别是海外客户资源。面对如此激烈的市场竞争，网上书店必须通过不断创新和优化服务，才能在竞争中立于不败之地。网上书店的经营需要我们付出持续的努力，不断探索新的商业机会，同时保持对市场变化的敏锐洞察力。只有这样，才能在瞬息万变的电商环境中实现持续发展。

网上书店不仅创造了从零到千万利润的财富传奇，也实现了每年新增千万购书用户的互联网分享奇迹。然而，当前网上书店正呈现出从零售向批发转型的显著趋势。在经营博书在线批发型网上书店17年的过程中，我深刻体会到规模化经营是致富的关键。每个人都有潜力赚到100万，关键在于用心经营、诚信为本、时刻为客户着想，帮助客户创造价值，让更多客户成为百万、千万富翁。寻找批发型网上书店的利润增长点，必须坚持追求大批量订单、坚持薄利多销，助力客户实现财富梦想。就拿北京、上海的地铁超级畅销书展商户为例，我们有众多客户创造了日赚5万元的成功案例。

批发型网上书店必须始终与大客户站在同一阵营。除了利润考量外，还要像对待战友一样忠诚对待客户。在追求利润的同时，要持续为客户让利、提供优惠，同时也要保持追求大额订单的雄心。批发业务必须坚持现款现货原则，不赊销、不做账期，在保证合理利润的同时确保交易规模。批发型网上书店的利润来源主要是客源优势和图书交易信息差，通过把握批发差价和货源优势，以诚信为根基，这也是我们博书在线网上书店的立足之本。要让客户心甘情愿投入百万资金并非易事，但在17年的诚信积累过程中，我们收获了许多一次性投入百万采购且始终保持忠诚的大客户。

10. 特价书批发订单如何成功赚到一百万？

　　随着全球互联网用户的迅猛增长，电子商务作为一个崭新的商业领域正在蓬勃发展。网上书店的兴起与繁荣成为电子商务时代的重要篇章。在这个领域，敢想敢闯的创业精神是获得成功的必要条件。在互联网电商的舞台上，亚马逊、当当、淘宝、天猫、苏宁等电商巨头，纷纷通过网上书店的经营，实现了财富的快速积累。它们成功的故事，不仅仅是关于金钱的增长，更是关于商业模式创新与客户需求深度挖掘的典型例证。网上书店之所以是最适合在网上营销的生意，在于它完美地契合了互联网的特性。互联网时代，信息传播的速度和广度达到了前所未有的水平，而网上书店能够充分利用这一优势，打破时空限制（时：24 小时在线服务，可以不受限于休息日、节假日；空：不管对方是在国内还是国外），将图书产品推向全球范围内的潜在客户。同时，网上书店还能够通过大数据分析，精准地把握各类型读者的阅读习惯和购买需求，从而实现个性化推荐和精准营销。

　　亚马逊书店的成功就是一个最典型的例子。创业初期，亚马逊就以"全球最大的网上书店"为口号，通过超低价货源的优势大量销售各类图书，每到一批书籍几乎都是很快销售一空。这种"零库存"模式，不仅降低了亚马逊的经营风险，还大大提高了它的资金周转率。更重要的是，亚马逊始终保持着对创新的追求和对客户需求的关注。随着电子书阅读的兴起，亚马逊果断抛弃了纸质书（实体书）业务，转而专注于电子书的开发和销售。在经营中，亚马逊还有着以下优势和特点：亚马逊平台非常注重产品的质量及品牌的知识产权，这也是和老外购物时，对品牌和质量非常看重的长期习惯密不可分。国内平台广告的推广形式，在亚马逊平台是不常见的，在国内，老店就是品牌，就是优势。而在亚马逊，不论是新店老店，只要产品描述完善、质量有保障，介绍上恰好是客户所需，就会受到平台的流量支持，获得超高曝光率，直接提升订单量。

在亚马逊网站上，产品展示页面一般都详细描写出产品的特性、材质、颜色等特征，能直观清晰地展示给客户，让他们很快了解到产品是不是自己所需，不用像国内电商一样，需要客服长期维护浪费时间。亚马逊的客户，只需要通过电子邮件形式与店铺卖家进行沟通即可，所以亚马逊在店铺运营中，也节省了大部分人力。亚马逊平台的买家客户，比较注重购物体验及产品性价比，也就是比较注重生活质量。故亚马逊平台也一再强调产品与图片的符合性，不能出现夸大和过度的美工特性，这样也减少了不必要的售后麻烦。与国内电商平台相比，亚马逊的产品拥有独立的页面展示，内容详细，包括有商品详情、客户评论、卖家报价及其他信息等。客户在搜索某类产品时，只会推送出来同样的产品。这种单一产品页面，卖家不需要支付任何推广费用，就能增加曝光率。卖家只需要专注商品的销售量，就可以好好地享受"新手保护期"。

亚马逊平台针对新入驻的卖家，有"给予三个月的保护期"的优惠措施。这种对新入驻店铺给予的大力支持，并不需要用大量资金进行广告直推，直白地说，只要产品质量好能满足老外的需要，就会给店铺以足够的曝光量，增大成单率。种种与时俱进的精神和对市场趋势的敏锐洞察力，使得亚马逊能够在竞争激烈的互联网市场中始终保持领先地位。

与亚马逊相比，当当网上书店走的则是一条不同的道路。当当网上书店定位于"全球最大的中文网上书店"。创办以来，通过互联网每天获得数万购书客户的方式，得以实现快速扩张。当当网上书店成功的秘诀在于：对客户资源的野心和精细化的运营管理。当当网深知，要在互联网上捞金，所拥有的最大优势，无疑就是客源优势了。因此，当当网总是不遗余力地在各大门户网站上投放广告吸引新客户，同时它还通过优化购物流程、提高服务质量等方式，不断提升客户的满意度和忠诚度。种种努力，使得当当网上书店在图书销售领域取得了骄人的成绩——其每年100亿码洋的销售额，就是一个有力的证明。除以上外，当当网还根据国内电子商务的实际情况，实行送货上门、货到付款，使网上购物的安全性得到保障。在商品的展示上，当当网设置了非常强大便利的搜索工具，可以针对特定的书籍进行全文检索，并且网站方还可以提供相关的商户资料，给顾客选择图书带来了很大的便利。当当网构建了一套智能比价系统，能通过互联网实时查询所有图书音像商品的信息。一旦发现有其他网站的商品比当当网的价格低，当当网将自动调低当当网同类商品的价格，保持与对手至少 10% 的价格优势，大量吸引消费者。

在电子阅读风头正劲、实体图书普遍卖不动的今天，当当网上书店每年却有 100 亿码洋的销售额。如果没有网上亿万级别的客源优势，在 1 年的时间里，北京、上海任何一个实体书店，要像当当网这样获得 100 亿码洋的图书销售额，简直是让人想都不敢想的。可是，在互联网的时代，当当网上书店做到了。因此说，野心，就是赚大钱的秘密。当当网上书店 1 年做到 100 亿码洋的销售额，就是有关"野心"的，一个活生生的案例。然而在这个时代，没有哪个企业能够永远保持领先地位。如果不能持续创新和与时俱进，企业就会面临被市场淘汰的风险。这也是为什么越来越多的实体书店开始思考进军网上书店的原因。他们明白在互联网时代，只有拥抱变革才能抓住机遇，实现持续发展，而这些实体书店的转型，也将为网上书店领域注入新的活力和竞争力量。总体来看，互联网时代为网上书店提供了广阔的发展空间和创新的可能，但同时也带来了更加激烈的市场竞争和不断变化的客户需求。网上书店要想在这个时代立足和发展，就必须始终保持创新精神和对市场趋势的敏锐洞察力，同时还要注重客户资源的积累和服务质量的提升，只有这样才能够在互联网市场中脱颖而出，实现持续盈利和稳健发展。

好的域名，是网上书店越做越大的利器

在国内的企业名录在线查询系统——天眼查系统，仅输入"书店"二字，来搜索一下全国书店名单，你会惊讶地发现，全国

居然有 40 万家以各种形式存在的实体书店，各种网上书店则有 18000 家。全国书商协会则公开了该协会成员单位共计 7 万家书店。

但是，在书店老板纷纷选择网上书店创业的大趋势背景下，又有多少书商每个月能获利 100 万元以上呢？甚至梦想 1 年获利 1000 万元的书商，其中又有多少人实现了"网上淘金"的梦想呢？

现实，是残酷的。

全国 18000 家网上书店之所以大部分都可以说是"惨淡经营"、点击率不高，其原因大都是域名选择失败，即缺乏互联网思维中的预见性、精准性和长远目光。

一个好的域名，能吸引源源不断的点击和流量，从而有助于自己的事业越做越大。

而对域名的选择、确定漫不经心，或虽然选定了一个域名，却与行业联系不紧密，甚至别人多次看到这个域名却不能与你的网上书店相联系，这样的网上书店缺少网上流量的入口、获客的入口。

据调查，网上 18000 家网上书店中，除了当当网上书店、亚马逊网上书店等几个大型网上书店的域名比较成功之外，其他的几乎都是失败者。

域名，是在网上创业时，自己地盘的一个门牌号，应该加以重视。但目前，就是从事经济管理类图书和计算机图书为主要业务的互动出版网（china-pub），虽然它每年有上千万元的图书营业额，却兵败在它并不好记的域名，不改进，更不更换。

因为人们很难将"互动出版"与 china-pub 联系起来，因为后者的中文含义是"中国酒吧"，与"互动"含义风马牛不相及。

其实互动出版网的域名可以选择"hudongbook"之类，"hudong"作为"互动"的拼音，别人一目了然，很快就会与网站联系起来。

兵败在域名这个获客门牌号上，几乎是一切中国网上书店失败的致命原因。

相比之下，京东投资 3000 万元收购"jd.com"这个非常契合京东理念的域名，几乎是个号称完美的大手笔，因为 jd.com 简单好记，是京东在获客战争中的最佳入口。

每个想网上开书店、获得每天数万买书客户的书商，必须要有过人的魄力和眼光，面对复杂多变的市场，每个书商都必须经历壮士断臂的疼痛之后，才能飞黄腾达。

零售图书卖不动了？就走量批发赚它百万！

开个每天数万客源、百万流量的网上书店，几乎是每个书店老板都有的野心。

但是，在图书价格虚高，书商们追求暴利，准备甩开膀子大干一场的时候，有个很残酷的现实是——

图书卖不动了。

残酷的时候，是扣除了一切营业、营销广告成本的时候。图书零售业几乎走进了"微利的时代"，普遍走向了"图书出版行业看不起图书发行"的残酷时代。

那么，在图书卖不动的时候，如何才能利用网上书店通过一个订单成功赚到百万财富呢？

这在图书滞销的时代，在图书微利的时代，甚至在以前，都是几乎想都不敢想的事情。

但是，现在通过一个订单就能获得百万财富，只要掌握方法，几乎就能成为现实。

其中的关键是：谁在大量销售、大量经销您的图书？

这才是赚大钱的关键！

图书零售走向图书批发，几乎是连互联网都不能阻挡的大趋势。

因为图书批发的客户群体，几乎都是书店老板、图书馆装备客户、教育局招投标人员、学校的主要负责人和采购员，以及军队阅览室、企业团购等。

图书批发行业，之前几乎类似于房产中介行业，图书市场的不景气，图书滞销，有时候真的是"三年不开张，开张吃三年"，有时开张还不一定能"吃三年"。

在过去图书不可能大卖的时代，一个订单就能获利百万财富，在以前就算是当当网上书店、亚马逊网上书店，其实也都是想都不敢想的事情。

一个订单就获利百万财富，是零售型网上书店不敢想也绝对不可能实现的财富梦想，但是批发型网上书店模式，一个订单获利上百万却不是梦。

图书网上批发赚大钱：走自己的路，让别人说去吧！

回顾经营图书批发型网上书店近 20 年，总有难以忘怀的客户照顾我们，从而创造销售的奇迹，而这里面也透出了网商的力量、诚信的力量，极致的诚信度，极致的以客为尊，极致的保质保量，这也是许多拥有雄厚资金的客户，由于感受到我们的感恩和细心照顾，而拿出百万真金白银购买我们书店图书的理由。

我们遵循"特价书如自来水一样量大便宜"的精神，我们在图书批发领域不停地行销，不停地运营，不停地开发在必应、雅虎、百度、新浪、搜狐、网易等门户网站搜索图书批发关键词的大量批发商、经销商客户，我们也把大量真金白银的资本，用在了开发客源的刀刃上。

在这个"实体图书卖不动、没人看"的时代，必须把运营成本放在图书批发商和图书经销商上，互动、双赢和诚信，才是能够"一个订单赚到百万财富"的关键诀窍！

在网上获客机会成本越来越高的时代，就需要以零库存做图书批发生意。

作为图书贸易的中间商，在出版社和大买家心中，也几乎是大家痛恨的"倒爷"形象，甚至很多山版社都有"终结"图书批发差价的心态。

他们眼红做图书批发零库存、揽客轻松赚取百万财富的那帮人；他们也几乎会把图书批发中间商，当成他们痛恨又嫉妒的"二道贩子"……

出版社不知道，中间商批发型网上书店在开发网上大客户资源时，绝对需要舍得投入大量的真金白银。对图书批发从业人员来说，图书流通渠道才是最宝贵的。

投身图书批发事业，在一个订单轻松获利百万财富的背后，一样有获客的成本，一样有电话销售业务员的血泪史。

而对我们来说，如何以一个订单就成功获利百万财富，秘诀无非就是我们的诚信和双赢，甚至让全国各地书商、经销商为我们寻找百万大订单！

当初雅虎卖网上广告大获成功的时代，也有很多人不认可网站广告，甚至怀疑、不屑，可是杨致远做到了让雅虎门户网站流量变现金。

走自己的路，让别人去说吧！要坚持"客户为一切"的中心，只在乎投入真金白银的百万大客户，如何评价我们的诚信度和双赢模式。

获利百万财富秘诀：诚信、坚持、感恩、双赢

以一个订单的成功来获取百万财富，是每个"贪婪"的生意人都会渴望的，但一个订单成功赚到百万财富的创业启示却是——联合才是出路。

当今民间利息高涨促使民间融资成本提高，大客户能掏出百万真金白银投入书籍采购，有其一定的追逐暴利的心。大客户的百万大订单，给我的启示，确实是双赢和诚信度。我们保质保量，让其感到物超所值；我深信以客为尊，时刻呵护大买家、大客户的利益，时刻从客户的角度思考，继而依靠周到的服务获得成功。

得到客户100万现金，在一个星期内致富，是每个书商的梦想。

记得有一位大客户告诉我，他准备支付100万现金，要求我们在一个星期内进货进齐他所要的书籍。那个星期，也是把我搞得筋疲力尽的一个星期。

100万现金的大订单，他所要的林林总总的各类书籍，对于我们来说，不是一个星期就能搞定的。

没有一个客户会在一天的时间内，拿出100万现金来支付图书书款。因为对每一个生意人来说，资本的意义在于周转，进而不断地得到利润。

当我得知这位客户刘先生准备投入100万现金与我们合作时，当初也是半信半疑的。

这个"图书卖不动，图书没人要，库存书籍几乎是按废纸卖"的图书微利年代，有谁会一次性打款100万采购图书呢？

接到刘先生100万大订单的时候，我亲自去他的北京库房，考察和了解了他的图书事业。原来他是一位做图书馆装备的大买家。他也坦白地和我说，将100万一次性支付出来，他也经过了一番思想斗争，要知道100万现金在澳门赌场放账1天，都是一个很恐怖的数字了。

考察他位于朝阳郊区的库房时，我发现这个大客户的居住条件其实很艰苦，存放大量图书的库房也有些旧，很多朴实的打包员工在认真细致地打包发货。

这个场景让我深深感觉到，一定要帮刘先生赚到钱，虽然我们之间到底是谁撮合成功交易的意向我也不确定，估计是百度竞价推广的功劳最大。

得到某些客户百万现金的过程，几乎都是操心又辛苦的过程，我做出的忍让和付出，以及对大买家的忍耐，几乎是一般书商难以想象的。

最后说一个有关阿里巴巴的故事吧。

阿里巴巴的前董事马云曾在度过互联网寒冬、电子商务寒冬时，第一次得到大客户给阿里巴巴国际外贸50万元的贸易中间费，被他称为是喜悦和奇迹。

阿里巴巴在坚持"1年只赚1元"度过电子商务的寒冬，有大客户通过阿里巴巴中国供应商获得美国买家30万美金采购款，其中撮合外贸的阿里巴巴公司，第一次获得了当时不亚于一个天文数字的50万外贸中介服务佣金，几乎轰动了阿里巴巴公司。

这是阿里巴巴的一个里程碑事件。

当年阿里巴巴公司提供外贸撮合服务，并且一直不盈利。它第一次获得大客户50万外贸撮合佣金，让网上贸易创造奇迹不再是梦想，也让"天下没有难做的生意"成了阿里巴巴公司的使命。

一起和大客户承担困难，承担经营风险，不停地帮他们申请最大的优惠，时刻将心比心，时刻为客户着想，参加大客户的经营指导，在大部分现款现货的条件下，适当给大客户赊销策划，为大客户减少经营风险和后顾之忧。

附录 2

自由撰稿人需要的知识

1. 自由撰稿人应具备的条件

首先要明白一点，做个自由撰稿人绝非是一件很简单、轻松的事，你要面对许许多多的问题，一个人想办法解决，没有人可以帮你，其他人也不可能给你太多意见，因为旁人是不明白你目前的状况的。然而自由撰稿人当好了，的确能够在 SOHO 圈里游刃有余，做自己想做的一切事情。

那么，做个自由撰稿人要具备哪些条件呢？

（1）必须具备职业经理人的素质

做自由撰稿人就好像开了一间只有你一个人的公司，你的产品就是稿件，你既是老板又是工人（生产稿件的工人），必须要有经营的头脑，对媒体的选稿走向有着敏锐的洞察力，对自己的选题有非常准确的把握，并且要精通市场定位、投稿渠道选择、可持续发展战略的制订、个人时间管理等。如果你不懂这些的话就很容易像只无头苍蝇,乱闯一通,最后碰得头破血流,无功而返。

（2）必须具备一定的文字功底

文字功底包括文字的表达能力和文字的组织能力。文字表达能力是指你将你脑子里的东西清楚地用书面文字表达出来的一种能力，而文字的组织能力则是指你对已表达出来的文字如何将它们组织得井井有条、结构严谨、层次分明、中心明确的另一种能力。这两方面的能力缺一不可，因为这是自由撰稿人的基本功，基本功过不了关，任你怎么努力也是白搭的。

（3）必须具有丰富的想象力

想象力一般是指联想力，是形象思维的一种。一些有经验并有着丰富想象力的作者，往往能从表面上看起来没什么特别的事物上找到灵感，从而获得一个可写的选题并形成文章。想象力是获得文章灵感的有力保证，如果你没有丰富的想象力，在选题方面将会显得非常困难，从而容易陷入无好东西可写的局面。特别对于一些拥有稳定的合作媒体的撰稿人，如果在一段时间内没有稿件投给相关的稳定的合作媒体的话，编辑就会误会你，认为你的合作没诚意，或是误以为你已将主要"兵力"撤至其他的媒体，从而淡化跟你的合作关系。

（4）必须具有广博的知识

有人也许会说，我只想写些电脑实用技术方面的文章，我只需顺着一、二、三的次序，将技术说出来就是了，要这么广博的知识干吗？其实，事物之间总是相互联系、相辅相成的，它们是独立但并非孤立存在的一个系统。虽然，技术类的文章对文采方面的要求并不是很高，但有时为了说明某个复杂的问题，你就得会运用比喻、拟人等修辞手法，有时还需要加入议论；而有时要写解决故障类的文章时，还要将你解决故障的经过清楚简明地表达出来。因此，即使你只写实用类的文章，也要有其他方面的知识渗透到里面，否则不但会使你的选题范围变得非常狭窄，而且写出来的东西也会十分枯燥，甚至表达得不到位，令人不知所云，而你的撰稿生涯是否能长久也是个问题了。

（5）必须具有良好的自我控制能力

做了自由撰稿人了，由于没人管你，所以你得有良好的自我控制能力，来控制自己的某些不良的行为。例如，电脑中的许多东西，如游戏、电影等都非常好玩、好看，如果你没有一定的自我控制能力的话就容易被其他的东西分散了你的精力，而让写稿的时间得不到保障，继而影响自由撰稿的效率和收益。

（6）必须要有充分的写作时间

如果是专职写作，就要有全身心投入到自己的本职工作中的准备，尽管你的职业中有"自由"一词，但你必须为自己的目标奋斗，这就是说你只有相对的"自由"。如果你是兼职写作，那你更得考虑你的第一工作是否允许你从事这个第二职业。

（7）必须要善于观察思考，不断钻研

不管从事哪类文章的写作，素材均来源于生泊，一个优秀的自由撰稿人总会从生活的点滴中发现有卖点的东西。所以要善于收集整理资料。针对要撰写稿件的类型特点，要留心并充分收集这方面的资料。必要的时候要做好笔记或在电脑里面备份。这样在写作的时候就不会为找不到合适的材料而烦恼不已。除了收集和整理素材之外，还要有一种钻研的精神。不断地钻研写作基本功，钻研报刊，钻研读者。正如从事其他商业活动一样，只有把顾客研究透了，才能更快更多地推销产品。

（8）必须具备一定的法律意识

一方面可以依法保护自己的知识产权不受侵害，另一方面也

熟悉了关于写稿投稿的有关规定，不要因为写稿挣钱给自己找来了官司。当然，还可以依法理直气壮地向一些不规矩的报刊索要你应得的报酬。

2. 自由撰稿人应该怎样炼成

　　优秀的自由撰稿人通常要做两个方面的工作：研究和写作，应该在其专注的领域是个行家，而不仅仅只是一个"写手"。在国外，水平较高、影响较大的自由撰稿人，报刊会为其提供专栏，因此，国外高级的自由撰稿人又被称为"专栏作家"。

　　自由撰稿人的门槛并不高，但这条道路并不是特别好走。有位财经类的自由撰稿人为了充电，无论在家里，还是在办公室，书柜里和书案上，经常堆放着很多经济类的书籍，这些书都是他要读的，哪怕有时候只是随便翻一翻。他说仅保罗·萨缪尔森的《经济学》，从高中毕业时开始读，近十年了，差不多没有间断过，现在已经读到了这本书的第十六版。不要以为撰写一篇千字左右的财经评论很容易，背后需要付出一定的代价，这个代价就是学习、关注、研究和分析。一个撰稿人要写好一篇好的财经评论，就需要学习各种经济学方面的理论知识，掌握研究经济的技术和方法，关注每天发生的经济新闻，研究大量的经济数据、报告，分析事件的真相和本质等。

　　很多撰稿人都期望自己的文章能够很快被发表，所以，有时候写出来的文章会考虑迎合读者的口味，特别是编辑的要求，这是无可厚非的。但是，自由撰稿人首先应该考虑的是为事实和真相负责，尽管据实而书有时候是很危险的，往往会招致麻烦。所以，自由撰稿人还应该懂得保护自己，坚持讲实话、讲真话。监督和批评是媒体人的责任和价值，也是自由撰稿人的责任和价值，否则，媒体和撰稿人都没有存在的必要。在国外，撰稿人和报刊的评论人就能够整垮一个弄虚作假的企业，这不是什么不可思议的事情。

所以，要炼成一名优秀的自由撰稿人，首先应该具备的品质和素质，就是敢于追求客观公正的事实，敢于表达自己真实的观点，具有高度的社会责任心，只有具备这种品质的人写出来的文章，才会受到广大读者欢迎。

作为一个自由撰稿人还要耐得住寂寞的。有个自由撰稿人，有一次为了赶稿子，三天只睡了七个小时，就这么日夜不分地待在自己七平方米的房间中拼命写稿。

很多人发了几篇文章之后就沾沾自喜，觉得自己马上就是作家了。这边有聚会，一定要参加；那边有联谊，就算是不认识的人，也想去看看。其实写作本身是一件非常寂寞的工作。心太浮躁，总是想着窗外的歌舞升平，是写不出好作品的。"吃得苦中苦，方为人上人。"说了几百年的话，不是没有道理的。只有在寂寞中，依然保持自己的自信，才是一个自由撰稿人修炼的最高境界。一个没有自信的人，就算机会来敲你的门，你也会错过的。

自由撰稿人的修炼，还包括修炼"内功"和"外功"。

修炼"内功"就包括三个方面的问题：

（1）**多读多写**：一个成功的自由撰稿人其实就是一个大杂家，他除了要向前人学习写作的基本功之外，还要有广博的学问，只有知得多，才能写得好。除此之外，就是坚持每天要写出一定数量的文字，不管是眼前要投寄的应时作品，还是暂时还没有买家的"库存商品"，总之多写为宜。一方面可以尽快提高自己的写作水平，另一方面也让自己拥有一大批随时都可能为自己带来创收的"商品"。

（2）**了解时事**：只有了解当前的形势和热门话题，你才能写出各种新闻媒体纷纷需要的文章。在这里，注意自由撰稿中，时效性基本是压倒一切的法则。就算你写一些技术性的稿件写得一级棒，报刊都欢迎你的稿子，但你也不能在冬天就要过去了或者已经过去了，再投寄《家养小动物越冬五注意》。

（3）**紧跟时尚**：现代人的生活追求的是短平快，没有人会有耐心坐下来阅读一篇长篇大论，人们更关注的是生活质量和现实问题。因此，现在的许多报刊都开设了一些时尚栏目，比如网络、都市另类、服饰、休闲、心理保健与心理调节等。这些应时的"速朽"作品有时根本就和文学不沾边，但它们却是报刊新宠，靠创作它们捞外快不失一个明智之举。

修炼"外功"。这里面包括两个方面的内容，一是研究媒体，二是掌握投稿技巧。

（1）**研究媒体**：正像你向顾客推销产品一样，你必须对你的衣食父母有一个详细的了解，你才能把自己的东西卖掉。不管你是向报纸杂志投稿还是向广播电视投稿，你都要把它们相关的各个栏目研究透了，然后"对口送货"，这样才是有的放矢，不至于没有目的乱放空枪。

（2）**掌握投稿技巧**：一般说来，不管什么媒体，短而精的稿件更受欢迎，但并非所有的稿件都能做到这点，而编辑的时间又很珍贵，所以你要想让你的稿子在千万篇自由来稿中脱颖而出，引起编辑的注意，那你必须得有一些特殊的方法。一个短而精的说明或一个充满幽默感的自我介绍有时能帮上很大的忙。对于反对一稿多投的报刊，你还得特别注明为独家专奉稿。对于纪实的稿件你最好配一些图片，同时获得相应授权，因为原则上都要求文责自负。

3. 自由撰稿人的生存法则

在现实的社会中，虽然"自由"诚可贵，但我们谁也不是神仙，也不能不食人间烟火，所以谁都要面临最为现实的物质生活。因此，要做一名游刃有余的自由撰稿人，请记住以下的自由撰稿人生存法则。

（1）要制订目标和规划

从你开始做自由撰稿人的那一天起，你就应该知道，这是一个自由与风险并存的职业。凡事预则立，不预则废，不然纵有满腹理想与抱负，也只是空谈。

所以首先我们在自己的自由撰稿事业上，要根据自己的实际情况制订计划和打算。比如在多长的时间内（半年或一年）需要掌握哪些方面的知识以利写作，拥有哪些领域的积累，要在较低端的媒体如当地报纸、杂志上见稿多少篇，与当地媒体的编辑建立起怎样的初步联系等。

这些都是基础工作，也是为以后长期见效益的打底工作，所以这个工作时间不要安排得太长，以半年或一年为限，这样还可以根据实际情况进行调整。制订的目标、计划应该细化可行，并争取努力实现，这对增强自己的撰稿信心和构筑生存空间有着重要的作用。

(2) 要合理地管理时间

作为 SOHO 一族的自由撰稿人，因为没有了工作时间和地点的硬性约束，也没有了老板的干预和同事的比拼，所以如何安排和合理管理时间，变得十分重要。所以最好是列出一个日程表，将每天的工作、上网、生活、休闲等用时间表的形式进行一种固定，这也是撰稿人自我约束的一个重要方面，这样就可以去除随心所欲的拖沓和懒散。当然，在需要加班和赶活的时候，或者需要调整状态的时候，偶尔也可以打破时间表的限制，灵活处理。但在平时应该尽量地按照时间表来严格作息，一方面可以养成良好的工作习惯，另一方面也可以调整好自己的身体状态，使自己工作、生活起来精力充沛、事半功倍。

(3) 要时刻有市场观念

自由撰稿，SOHO 一族，既然是独立奋战，那就应该对媒体的市场规则有更多的了解，根据市场来合理地生存。

首先，对各路媒体的生存现状要有了解，对自己的产品（作品）也要根据市场需求（媒体的需求）进行创作，如果你的产品不能打动消费者（读者）、不能打动"经销商"（媒体），那么你最好对自己的产品进行重新评价，或换个市场投稿，或修改以后再投，或干脆另起炉灶，这也是你的产品最终能不能转换成物质回报的关键一点。

比如要找准相关媒体的定位市场。没有真正看过某些报刊，只凭一个约稿，是很难写出合适那些报刊的文章的，除非是知名写手，大家都在抢他的稿子。以爱情故事为例，光凭约稿信，并不能看出来各家报刊对于爱情故事的侧重点，因为有的报刊喜欢纪实一点的，有的报刊偏重浪漫一些的，还有的倾向平凡男女的爱情，更有的偏向于白领故事等。

所以找准相关报刊的定位市场的办法是多看这些报刊，至少连续看三期，之后针对他们的喜好再去写适合的作品，这样，编辑认可的程度就会更高了。

其次，把握市场，你还应该拥有广泛的信息量，因为这样才可能保证你的产品能够保鲜、常新，而不成为被社会所淘汰的过时产品。

最后，撰稿投稿也要有营销意识。把自己的作品当作产品，找到它最好的买家，找到最满意的价格成交，这就是销售，再好的产品也需要推广和介绍，才能最终实现交换。商道如此，撰稿也是如此。自由撰稿说白了也是用笔和键盘讨生活，所以在撰稿投稿的营销意识上，要记住这样一个排列：首先是要编辑喜欢，其次是让读者喜欢，最后才可以自己喜欢。道理很简单：因为首先只有编辑喜欢，他（她）才能将你的文章转化为寄给你的金钱。读者喜欢也重要，因为如果读者不喜欢，你的文章没有市场，编辑也就很难继续用你的文章了。而要想成为大家，必须先出名，要想出名，你的名字就必须要有高密度的曝光率，暂时放弃你自己的兴趣，去写一些编辑、读者喜欢的文章，从这个角度来说是值得的。出名了，你就是市场的带动者。所以，只有自由撰稿这条路走到衣食无忧了，那么，就可以继续创作自己喜欢的内容。

(4) 要有百折不挠的信心

万事开头难，做任何事情都是如此。既然你已经做好了要当一个自由撰稿人的准备，那么你就要对其中遇到的各种困难有必要的认识。比如可能在很长时间内写的东西都没人认可，也可能在很长时间内没有物质回报，还有，要面对媒体的一些冷遇等。这个时候不要总想我做不到、我不行之类，不要自己给自己泼冷水，这样只会让你的自由撰稿生涯过早夭折。古语云"天道酬勤"，付出了就将必然有回报。其实好多自由撰稿人在开始的时候写的东西都不是那么好，但是，他们最终成功了，原因就是坚持到底，不轻易放弃。所以只要有百折不挠的信心和坚忍不拔的毅力，理智地分析和总结失败的原因，坚持不懈地写下去，你就会最终取得胜利，将会得到个人价值的完美实现和物质的丰厚回报。

4. 自由撰稿理念中的 8 大法宝

法宝之一：真

作文如做人，这话一点也不假，谁也不喜欢虚情假意的人，谁也不爱读言不由衷的文章。许多人由于阅历不够，写起文章来大话连篇，空话绵绵，让人望而生厌。

朱自清先生的著名散文《背影》，大家都很熟悉。车站里父亲送儿子的事，许多人都经历过，千余字的文章，许多人都写过，可朱先生硬是在这短短的篇幅里把这常见的小事写得催人泪下，其中最重要的原因就在于这个"真"字，父亲对儿子是真心关怀，儿子对父亲是真情流露。作者不妄语，不矫揉造作，所以能引起读者的共鸣。同样是父亲送儿子，有位读书的同学这样写道："父亲握住我的手，眼含热泪地说：'儿子，为了早日把祖国建设成一个富强、民主、文明的社会主义现代化国家，好好读书，别想家！'"

更有甚者，有一年高考题是有关苦难与人的成长的，结果，许多同学争相写自己父母双亡、小儿麻痹，且不问他何以能长这么大，单是面对着窗外翘首以待的父母，他就能狠下这个心？也许有人说:"这是虚构,金庸小说不也是在虚构吗?"我想说,虚构不等于虚假,它是以真实生活为基础的,是提炼过的真实。所以许多虚构出的东西同样真切感人。中小学生的作文,不妨虚构,但一定要直接或间接地经历过,感受过,像那些"虚构"父母双亡的同学,他们每天吃着父母精心制作的菜肴,是无论如何也写不出沿街乞讨的辛酸的。

"我手写我口",你平常怎么说话,写作时就怎么说;"我手写我心",你心里怎么想的,你就怎么写。没经历过大事故,你便写生活中的小事,和父母,和老师,和朋友,和同学,一切细微处皆有真情在,千万别客气,即使你的观点是浅的,是错的,那也浅出了平易近人,错出了英雄本色,反正都比假的强。

法宝之二:善

"善"就是善良。有人也许要哈哈大笑:"胡说八道,善良和写文章有什么关系?"您先别急,这二者看似风马牛不相及,实则关系大着呢!

孟子在数千年就捋着胡子说:"仁者无敌。"这个"仁"字包含的"包容""同情"这层意思就是善良。一个人的包容心越大,同情心越广,他的文学成就也就越高。例如鲁迅,他始终对中国人,甚至全人类的命运充满着人文关怀。有人说:鲁迅不是经常针锋相对地"骂人"吗?不错,佛法云:惩恶即是扬善。爱憎分明正是"善良"的前提,否则,一味地善良必然像唐僧那样是非不分。

"善良"何以能提高写作水平呢?因为包容心越大,你的眼界与心胸就会越宽广,就不会在鸡毛蒜皮的小事上与人斤斤计较,你的文章也会因此而深刻和高超，而越是拥有同情心的人，越容易设身处地地为别人想，这样你写文章时观点便会更全面，而且更有人情味，更感人。我曾拜读过一位年轻作家的散文，题为《感动》，只描写了父亲在雨中用身子为幼小的儿子挡雨的小场面，语言很平实，但我却热泪盈眶，因为他写出了天下间父子的真爱。没有同情心的人是绝对写不出如此好文章的。

因此，一个"善"字对写文章有大功用，对大作家如此，对于小学生更是如此，因为牛刀小试，定会百无一失。

法宝之三：美

俗话说得好：情人眼里出西施，可见美并无固定的标准，主要在于个人的喜好。然而"美"还是有约定俗成的规矩的，不然何以用西施作为美人的代名词呢？写文章也是一样，有的人求深刻，有的人求幽默，有的人求华丽，有的人求平淡。如此种种，就像对于情人的态度，全凭自己的喜好；但无论你追求哪一种风格，都必须具备某些共同的标准，就像大家公认西施为美人一样。对于自由撰稿人来说，自由撰稿中的"美"，便有如下两层含义：

第一，要养成自己的写作风格。人们常称赞写得好的字，说它"有体"，不管是"颜柳张赵"哪种"体"，反正让人感觉有骨架，有气势，与众不同。写文章更需要这种体，要让你的思路，你的语言论点个性化，不可人云亦云，用个时髦的词叫作"Cool"，这酷不是装出来的，而是学出来的，你喜欢哪个或哪类作家，不妨仔细看看他的书，看看同一件事，人家是怎么表达的。这样由模仿到吸收，终将自成一家。

第二，要养成良好的写作习惯。这有许多方面。例如行文思路要严密，不可驴唇不对马嘴；语言要通顺，语法要正确等，尤其值得注意的是文面要整洁，字迹要清楚，切不要有太多的错别字，错别字就像美女脸上的青春痘，别人痛心，自己闹心。

以上说的只是起码的要求，文章的美关键还在于它的内涵，就像品评人的美丑不能光看脸蛋一样。金庸的小说受到数亿人的喜爱，绝不是因为它的体裁是武侠，而是他在其中注入的文化修养使他成功。所以在追求形式美的同时，各位同学也不要忘了时刻观察生活，多动脑筋，用实在但却独到的思想来打动人心。

法宝之四：稳

"李白斗酒诗百篇"，历史上有很多这种文学天才，曹植七步成诗，王勃落笔成文。而且他们的作品，不光写得快，质量也高，这是很了不起的。现在有些人大有圣贤遗风，其写作速度直追古人，但这个质量却着实不敢恭维。见贤思齐是好的，但也要量力而行才对。写文章是辛苦事，李白斗酒诗百篇，最重要的原因还在于他早年勤奋地学习和积累，所谓"厚积薄发"是也。有些初学写稿的作者正处在"厚积"的阶段，所以写起文章来感到吃力，这是正常的，但若因此放弃，敷衍了事，只求迅速完成任务，那终将一无所获。所以在创作态度上要有一个"稳"字，稳扎稳打，练好基本功。草稿，提纲，腹稿一般是要具备的，在全文的布局和某些重点词的运用上，更要字斟句酌，反复修改。谁能做到，谁就有一手好文采。

文章的布局也要稳，框架要层次井然，别人才好理解你的意思；过渡要自然连贯，保持文章的整体性，当然这都是对初学者而言。

总之，稳重是人成熟的表现，也是作文成熟的表现，切记切记。

法宝之五：狠

写文章不够狠，如打人不痛，吃饭不饱，让人觉得不痛快，不过瘾。

有个专写三角恋爱的小说家，叫张资平，鲁迅在一篇杂文中"将张资平的文集和小说理论"总结成一个符号，那就是——"△"（意即三角恋爱）。如此调侃，可称够狠的典范。

许多让人拍手称快、拍案叫绝的文章，都来自"狠"，对丑恶事物不留情面，对美好事物由衷赞扬。这乍一看像是在走极端，实则是矫枉过正，让丑恶与美好赤裸裸地展现在读者面前。

这类文章之所以给人耳目一新的感觉，就在于个性化的语言和直言不讳的勇气。所以在写作时，如果你的爱憎都有允足的理由，那就该不客气地"揭疮疤"，或"戴高帽"，痛快淋漓地说出来，相信在一堆堆平庸无奇的文章里，你一定会脱颖而出的。

法宝之六：精

文章不一定非短不可，但必须要"精"。

所谓精，通俗点说就是别说废话。

要做到精，首先要懂得忍痛割爱。中世纪一个叫奥卡姆的思想家，总结出一条很著名的原则译成中文就是："如无必要，勿增实体。"有的人在写作中，会突然想到或记起一些优美的词语或观点，本来和中心没多大关系，却硬是要用上，结果画蛇添足。其实忍痛割爱，不是让你放弃突发的灵感，你完全可以将它们记录下来，早晚有用得着的时候。反正没人给你出全集，又何必说些不相干的话呢？其次要语言简洁，开门见山，有什么新观点，好见解，直截了当提出来，别老是拐弯抹角，或者有的时候一句话你说了三四遍，你不累，别人还累呢！

法宝之七：博

写作虽然是学文的人分内之事，但实际上却需要各方面的知识，而且都要活学活用。博古通今，学贯中西，嬉笑怒骂皆成文章。所以，只要是自己喜欢的书籍，开卷有益，绝不是一句空话，读的书多了，自然在写作时左右逢源，政治原理，历史典故，源源而至，欲罢不能，同时你的思维也会因此发散开来。要做到这个博字，没有丝毫取巧的可能，只有多读书。读什么书？读你喜欢读的书。

法宝之八：新

青年人写文章就应该有青年人的朝气，从内容到形式，都应该是崭新的。

首先要联系现实，身边发生了哪些有价值的事情，社会上出现了哪些新的现象，你都要有深入的思考；有时也难免要用到古时的材料，这需要你分析古与今之间的共通之处，古为今用，你的文章才有实际意义。

对同一个题目，新的含义就是与众不同。现在好像某些材料能证明什么论点在一般的大众媒体中似乎已经约定俗成了，结果张口居里夫人，闭口文天祥，千篇一律。这时，如果出现一篇与众不同的文章，那别人肯定是会很乐意看的。所以选材要新，论点更要新。你可以先假设别人都会有哪些观点，之后你偏不用它们，而立下一个鲜明崭新的，这样会使你的文章受到赏识。

至于新的形式，那更是多种多样，只要你肯动脑筋，不愁没有，即使稀奇古怪的形式也不妨大胆地试一试。写文章，尤其是标新立异的文章，勇气与信心很重要。各位撰稿人还有什么可顾虑的呢？

5. 自由撰稿人的高效投稿

（1）基本投稿常识

①电子邮件投稿的常用格式

主题：投稿栏目、文章名、发表笔名。

内容：文章的全部内容。

落款：作者的真实联系地址、邮编、姓名、邮箱地址、固定电话、手机、QQ 号码（注明 QQ 名）等信息。

②投稿不要使用附件

很多病毒都是通过邮件附件传送的，因此很多报刊社的电脑上都装了杀毒软件，有附件的系统一律删除。这意味着作者辛苦写的文字永远不会被编辑看到。另外，有时附件稿件格式不同，往往因为编辑的软件问题而打不开，或者打开是乱码。

所以，为了稿件能顺利让编辑阅读处理，不要使用附件投稿。

③投稿时确定并注明所投报刊栏目

每份报纸或杂志都是由十几个，甚至几十个栏目组成的。作者在稿件之前，最好确定一下自己的文章适合哪个栏目，并在邮件主题栏注明。这样，编辑在看稿的时候，也有更强的目的性，给文章归档的时候，也方便。而作者这样做好了，也代表着他对该报纸或杂志的熟悉程度，在编辑的心中好感分会大大增加。

④稿子投得不要过于密集

一次投稿不要超过三篇。有些作者一下子给编辑投去 20 多篇文章，当然从好的方面想，这是那位作者信任编辑，将他的文章全部都给编辑挑选；但是，从另一个角度上说，如果这么多文章都是没发表过的，那是否意味着这些都是被其他编辑筛选剩下的？这样就使编辑的疑虑大大增加，并对作者的原创性和真实性产生怀疑。

⑤弄清报刊的截稿时间

报刊（主要还是按月或半月出版的杂志）截稿时间分为两种，一是每月的交稿时间；二是临时征稿截止时间。对于第一个时间，作者没必要太计较。因为杂志是做长期的，这一期赶不上，放到下一期就是。而对于征文截稿时间，在截稿之前可以按照要求认真写，但是一旦过了截稿时间，就没必要再写再投稿了。因为报刊都是时间一过立即定稿，就算作者写得再好，也不会用了。所以征文投稿的时间是宜早不宜迟。而且还有这么一种情况：一些报刊在临时组稿的时候，往往时间没到就取得了足够的好稿子，而提前定稿了。

⑥稿件字数不宜太多。

投稿时字数能少就不要多。规定多少字就写多少字，不可以任性多写几百几千字让编辑去删。毕竟稿件字少了，只要文章不错，编辑编好后，报刊空出来的版面还可以安排其他一些东西；但如果作者投稿的字数过多了，虽然文章很漂亮，万一编辑时间紧张，他又不好删，那作者辛辛苦苦写出来的东西可能只好被编辑忍痛割爱了。

⑦尽量按照编辑要求改文章

因为只有编辑才知道栏目要的到底是什么样的稿件。一个好作者，必须要学会按照编辑的要求修改自己的稿子。有些作者写的稿子还可以，但就是对自己太溺爱了，编辑请他修改一下稿子，他都不愿意，还说稿子不好就别用，我可以给别的编辑等，使得编辑和他无法沟通。作为撰稿人，要尽量避免这种想法和说这样的话，否则编辑以后不会再请你写稿子。还有些编辑要求作者修改的是稿件上的网络语言，要注意"BT""昏倒"等网络词汇不要随便出现在报刊上。非网络题材栏目，也最好别在稿件中用太多的网络专用词汇。

⑧分清引用和抄袭的概念

写文章时的引用只可以是一句话、一个小片段或一个闪光点。如果一个作者拿人家的文章改头换面说是自己的，那就是抄袭了。有份杂志在征求职场故事的时候，编辑收到 20 多篇讲自己在应聘的时候，地上有纸屑、拖把、一毛钱等，因为自己做了举手之劳的事情，而被老板看中，一跃而成为公司上层精英的情节。这个情节的真假姑且不论，这种几年前就烂俗的情节，在多篇应征稿件中频频出现，是引用还是抄袭，就真的很难说了。

⑨文章发表之前不要发表到网络上

有些作者喜欢在稿件发表之前，就把它贴到网络上，其实这样做并不明智，因为这样一来无法保证文章不被抄袭和滥用。目前有些小报经常在网络上任意下载文章做版面。有些作者的稿件，本来杂志已经决定刊发了，但在定稿之前发现当地的报纸上已经抢先登了出来，杂志只好撤稿，还怀疑该作者是否一稿多投，其实他自己根本就不知道那家报纸。

⑩不要过度地宣传自己

有些作者给编辑投稿的时候，稿件最后喜欢附着自己的文章发过哪个杂志第几期，洋洋洒洒十多条；或者将自己的得奖经历一条条列出来，从区征文到企业工会比赛。其实编辑是收稿子而不搞招聘，不需要简历式的东西，一般编辑都不喜欢收到这样的信。记住，争取发表的机会是用你的文章说话，不要靠你的履历发言。

⑪试着和编辑成为朋友

编辑也是人，很多时候适当地和编辑聊聊文章之外的话题，能更好地沟通，彼此之间可以分享除了文章之外的属于朋友之间的友谊和快乐。但如果编辑是在上班，最好别随便打搅。有时编辑和作者在 QQ 上说话很简洁，说明他很忙，作者最好不要打搅。

⑫如果被编辑误会了怎么办

因为投稿的事被编辑误会了，首先不要着急，不要激动，要相信，是误会肯定会有解释清楚的时候。你可以等几天给编辑发一封解释事情的邮件，说清楚自己的真实情况，一般编辑都会理解的。但在这之前和之中，千万不要四处散播编辑误会你的消息，否则和编辑之间的误会会越来越深，不利于你继续给他们写稿。

⑬关于与责编联系的问题和方法

很多报刊规定，一个作者只能联系一个编辑。这个是行规，愿意不愿意，都要遵守。除非编辑明确告诉你，他们不介意一个作者联系多个编辑。如果作者不满意现有的责编，在文章没在这家报纸或杂志发表出来之前，那么你可以选择新编辑，但选择新编辑必须要告诉对方，自己为什么要离开原来的编辑。如果你的文章已经在一直联系的责编手里发表了，那么就算你们合作再不愉快，也不可以随便换。真要想换，打电话给主编陈述理由，主编同意后方可更换。

也不要请本报刊内非自己责编的其他编辑看文章，因为每个编辑的眼光和对稿件的评判不同，这样做，等于是在编辑之间制造误会。如果想写非自己责编负责的版面文章，写好了给自己的责编发过去，他一般都会帮你转的。但对于某些已经申明谢绝非自己作者参与的栏目，就不要写了。

作者可以多主动和编辑交流。编辑给你回信，往往只说你文章问题的一个大概，作者自己主动打电话给编辑，交流会更顺畅。但不要直接给主编邮箱发稿，因为一般主编都不亲自参加组稿，除非你是主编私交非常好的朋友，否则发了也等于白发。

（2）给报纸副刊科学地投稿
①报纸副刊定义

广义的报纸副刊，包括发表文艺作品的版面（小说、散文、诗歌、随笔等），也包括时评、影评、家居、文史知识、健康保健等、娱乐。狭义的副刊，则主要指文艺作品的版面。我们通常所说的报纸副刊，多指狭义的含义。

②一般报纸副刊的分类

a. 综合副刊：小说、散文、诗歌、随笔、笔记等都可以，但是在篇幅比例上有侧重，比如有的综合副刊不发诗歌，或者不发讽刺类的作品；一般的党报副刊要求艺术性较高，行业报纸和晚报、都市报的综合副刊则相对宽泛一些。

b. 笔记：一般指所谓的市井笔记。以幽默为特点，也叫"段子"。

c. 情感类的栏目：包括几百、千余字的小稿子，也包括4000字一版的"情感倾诉"，以男婚女爱的内容为主。

d. 其他：如以忆旧为内容的"往事"，以家长里短为内容的"寻常百姓"等栏目，特点是生活化。有时候与上述几个栏目的区分不是十分明显。

③**报纸副刊作品特点**

报纸副刊作品一般都具有如下特点：一是文章短小，一般在600—1000字之间。二是现实题材的居多。三是第一人称的居多。四是题材宽泛。五是多投限制不严格，很多副刊仅仅要求"省内不多发"甚至"同城不多发"就可以。由于报纸副刊稿件具有单篇稿酬比较少，但可以多投多发的特点，所以如果撰稿投稿操作得当，绝对事半功倍。有位撰稿人写了一篇大约700字的小稿子，一次性投了40多家，结果一个多月发表了十六七家，之后的几个月里又陆续被包括《读者》和《青年文摘》将近20家的期刊转载，最后这篇稿子大约累计收到了两千多元稿酬！

④**报纸副刊投稿与发表中存在的一些问题**

目前全国各地给报纸副刊写稿的专业和非专业撰稿人不计其数，如此庞大的写稿队伍，自然是良莠不齐。因此报纸副刊的投稿和发表中也存在如下一些问题：

a. 抄袭现象严重，屡屡发生，作者与编者都无可奈何。

b. 一稿多投无原则、无限制，成了一稿滥投，引起不少编辑反感，可能由此封杀某些作者。

c. 信息不准确，编辑变动大。你使用的编辑信箱可能是不对的。

d. 稿件风格不对，使得编辑讨厌你。

e. 投稿者投的各类稿件太多，编辑根本看不过来，你的稿子可能未被阅读就被删除了。

⑤给报纸投稿的几个重要原则

a. 刊物与报纸的投稿不要交叉，也就是说，给刊物的就是给刊物的，这家刊物不用再投另一家刊物。刊物投稿不要一稿多投，否则吃亏的还是作者自己。

b. 报纸一般来说可以多投，如有的报纸要求"一省只能发表一家"或者"同城不多投"。但少数报纸也会要求专投，这个要注意。

能够多投的小稿子，建议一般每个省投稿 1—5 家。其中省会城市投稿一家，其他大的城市再选择几个。一般不要给省级的日报投稿，因为他们的覆盖面太大。上海、天津和重庆三个直辖市建议只投稿一家。

北京的情况比较复杂，因为那里的报纸太多。一般可投稿一家大众化的报纸，如《京华时报》《北京晨报》和《北京晚报》等，然后再加上 3—5 家行业报。这样即使出现最好的情况，即便所投稿的报纸都发了，问题也不大。

c. 一定要做好投稿记录，这是今后确保投稿不出问题的记载和参考。一般来说，一个城市你给了一家，就不要给第二家了

（除非第一家明确回复不用，或者已经知道人家肯不会用了）；给某个城市的第一家两个月后没有任何音信，再给第二家。稿子投了2个月后，就可以开始第二轮投稿了。如投给省会城市的，第一次没有任何消息，第二轮就再选择一家。其他大的城市也是这样。以此类推，一篇稿子理论上能投4—5轮，时间可以持续一年。如果稿子不是太差，这样下来，一篇稿子发表10次应该没有问题，好一点的可以达到30次甚至更多。另外，这样做还有一个好处，就是把时间错开，即使出现"同城多发"，因为时间差的原因，也不算大问题。

这里要特别注意同城投稿的顺序，一定要在第一轮把稿件投给你认为最可能发的报纸，或者是可以在第一时间知道处理情况的报纸。

d. 给一个报纸的某个编辑投稿间隔最好7—10天以上，过于密集可能引起编辑的反感甚至怀疑。

e. 不要给编辑写信或者附言，没用的。投稿时要留电话，尽管编辑不可能打，但是他会觉得可靠。

f. 报纸中像《古今故事报》之类的报纸不可以一稿多投，因为他们是面向全国的市场化报纸，和晚报不一样。

g. 1000字以下（800字最好）的文章给报纸一稿多投，1000字以上的给杂志专投。

h. 对一些大众化的应景稿件精雕细琢，把握时机，待时出击。如每到重大节日，都是与这个节日相关的稿子大批量上市的时候，这个应该要把握好。有位撰稿人十几年前在部队写的小文章现在改动一下，每到"八一"前夕都可以发表几次。

（3）组建自由撰稿工作室批量出稿

①什么是撰稿工作室？

做撰稿人已经有一段时间的话，可能开始或经常有媒体来找你约稿子，但是也许你正赶着一个稿子，尽管那篇东西你能够很轻松搞定，但是时间上的冲突让你无法鱼与熊掌兼得。

如果经常遇到上述这类情况的话，那就有必要考虑一下组建一个撰稿工作室了。

撰稿工作室就是一个靠写稿件（也包括做策划，有偿画美术作品甚至外出采访、制作 DV 等影音资料）发财致富为目的的规范化的写作兴趣小组。这里所说的兴趣指两方面，一方面指写作方向上有共同的取向，比如组成工作室成员都对财经问题有兴趣，或者都是硬件发烧友，要不就是在一个战壕里切磋 CS；另一方面就是都想通过写东西赚钱。只有这两个条件同时满足的话，才能组成比较稳定的撰稿工作室。

②如何确定工作室的撰稿方向？

其实撰稿工作室的写作方向很容易确定，这个方向其实就是几个成员感兴趣或者特长所在的领域。如果你们都是硬件发烧友，经常有条件搞些硬件评测，那么你们不给 PC 硬件刊物写写评测实在是可惜了，只要你们将评测的过程记录下来略微整理十有八九就能发表；如果你们炒股多年，对于经济问题比较熟悉，那么你们工作室的撰稿方向自然应该是股评或经济方面的文章了；如果你们凑在一起就会不自觉地谈起时下流行的游戏，有空就"切"上一局 CS 或者是魔兽争霸，那你们不给游戏杂志写攻略又让谁来写呢?

③怎么找工作室的成员?

按说这个问题应该往前提,也就是你已经有了几个志同道合的写作伙伴后才能考虑组建撰稿工作室,这样一切顺理成章,水到渠成,没有任何的麻烦。但是现在有不少人是先决定成立工作室,反过头来再来招募工作室成员,这样就容易遇到这样或者那样的问题。经常看到一些撰稿工作室的网页,上面几乎都贴着招募工作室成员的公告,希望有某方面写作特长的记者、编辑,甚至是专家加入他们的行列中来。他们以为只要这样做,工作室成员就会蜂拥而至,其实这样想带有太多一厢情愿的成分,往往不会收到什么效果。换言之,别人凭什么相信你,并把他们自己写的东西让你来分一杯羹? 所以如果万不得已要在工作室成立后才开始物色工作室成员的话,建议多去专业论坛(根据你确定的撰稿方向)转转,往往有很多专业人士会聚在那里。如果你能够融入他们,取得他们的信任,并让其中的一些人认同你的创业计划,这样你就可能为你的撰稿工作室找到合适的成员了。

④团队管理的问题

归根结底,撰稿工作室只能是一个松散的经济组织。如果你想靠制订严厉的规章制度来规范你的团队就大错特错了。所以对于任何工作室来讲,团队管理都是一个让人头疼的问题,搞不好就一拍两散,各自走人。因此能够经常沟通,统一想法是很重要的,而一个明确的账目也是不可或缺的,如果撰稿团队的成员认为分配不均的话,散得会更快。俗话说亲兄弟尚且要明算账,更不用说只是几个半生不熟的朋友了。

⑤怎样才能让工作室更专业?

这个问题其实可以这样来理解,工作室专业与否取决于所有组成工作室的成员,那么要提升工作室的专业程度的话也要靠这些成员自身水平的提高,或者能够找到专业人员来加入工作室,除了这两个途径之外应该没有别的办法了。如何找到更专业的人加入工作室上面已经谈及了,而如果条件所限短期内无法补充高水平的新人的话,那么由工作室拿出收入中的一部分用于成员们定期进修,是一个不错的主意。

6. 自由撰稿人投稿防骗三招

时下，虽然在网络上寻找征稿、约稿信息非常方便，投稿也只需点几下鼠标，但网上信息鱼龙混杂、良莠不齐。有时撰稿人一篇稿子贸然投出去，可能会杳无音信不知所终，甚至有时还会遇上文骗、文偷、文抄公。因此，写了好稿子，投稿前还是要多长个心眼，做到如下三招可能保险一点。

(1) 先问路、再投稿

不要被庞大的投稿信息乐晕了，也许其中可能有诈。如果是自己信得过的报刊，或者给自己熟悉的编辑投稿，那大可放心；但对于网上突然冒出的征稿启事，或许自己虽然对征稿的报刊熟悉，但从来没有投过稿，甚至是陌生的联系方式，那就要三思了。所以建议：

对不熟悉的报刊编辑，首先用谷歌、百度等搜索引擎搜索一下编辑名字、电子邮件等，得到几次验证再说，不放心就干脆致电。

当你决定投某家报刊之前，最好发个简短的电子邮件咨询一下，不用露骨地问是真是假，只需问贵报（刊）有哪些征稿要求？

体裁、题材、字数、多久通知、稿费几何、是否介意多投等。有位自由撰稿人做过这种大面积咨询，回馈率达30%，收获也算不错，有些报刊还回信说只要稿子好，不介意多投。问得客气点、诚恳点，有些编辑还是愿意回复你的，甚至干脆将征稿信息、详细通联转发给你。为了省时间，甚至可以做一个咨询的模板，用时简单省事。

（2）仔细看电子邮箱的后缀

很多报刊有自己的网站，许多编辑亦用本报刊的服务器开设邮箱，比如《中国电脑教育报》的网站是 www.cce.com.cn，编辑的邮箱后缀都是 @cce.com.cn；《电脑爱好者》的网站是 www.cfan.com.cn，栏目收稿的邮箱后缀也都是 @cfan.com.cn；《读者》的网站是 www.duzhe.com，栏目收稿的邮箱后缀也都是 @duzhe.com。有真实准确的网站作保证，这类邮箱一看就知道不可能作假，可以放心投稿。

（3）慎用在线投稿
a. 表单式投稿系统

时下有些报刊不设投稿电邮，却在自己的网站设了在线投稿系统，是表单式的。作者须输入标题、笔名、正文、通联等，然后按"发送"进行投稿。这种投稿方式应该是报刊为图自己管理方便而已，并无它意。但对于要投稿的作者来说，在线投稿就是既费时费事，又无法确定稿件是否成功发送，如果不登记的话，时间长了连自己都会忘了是否投过稿子给这一家报刊。说难听一点的，如果极个别无良编辑贪了你的稿子，一旦被你发现，因为自己无法保留投稿该报刊的历史记录，所以你还拿不出任何证据。

b. BBS 发表

还有一些报刊鼓励作者将稿子发表在自己网站的 BBS 中，编辑再慢慢地挑选再做回复。这种所谓投稿方式最凶险，因为 BBS 谁都可以匿名注册，谁都可以将你的新作先睹为快。目前网络早已进入"剽窃黄金 E 时代"，众剽客如狼似虎，别人的旧作品都照偷不误，一旦发现未发表过的新作品，简直"如获至宝"，一招轻松的"复制"+"粘贴"就可以"据为己有"，再一招"天女散花"，作者的一番辛勤耕耘，眼睁睁地就被他人收割，更落得个坏名声。